管理者的
数字化认知
AI领导力蓝图

［美］维杰·特拉（Vijay Tella）
［美］斯科特·布林克（Scott Brinker） 著
［美］马西莫·佩齐尼（Massimo Pezzini）

史凯 译

The New Automation Mindset
The Leadership Blueprint for the Era of
AI-For-All

Copyright © 2023 by Workato, Inc. All rights reserved.

All rights reserved. This translation published under license. Authorized translation from the English language edition, entitled The New Automation Mindset: The Leadership Blueprint for the Era of AI-For-All, ISBN 9781119898757, by Vijay Tella, Scott Brinker and Massimo Pezzini, Published by John Wiley & Sons. No part of this book may be reproduced or transmitted in any form or by any means, electronic or mechanical, including photocopying, recording or any information storage and retrieval system, without permission from the publisher.

本书中文简体字版由 John Wiley & Sons 公司授权机械工业出版社独家出版。未经出版者书面许可，不得以任何方式抄袭、复制或节录本书中的任何部分。

本书封底贴有 Wiley 防伪标签，无标签者不得销售。

北京市版权局著作权合同登记　图字：01-2024-2859 号。

图书在版编目（CIP）数据

管理者的数字化认知：AI 领导力蓝图 /（美）维杰·特拉 (Vijay Tella), （美）斯科特·布林克 (Scott Brinker), （美）马西莫·佩齐尼 (Massimo Pezzini) 著；史凯译 . -- 北京：机械工业出版社，2025.9. -- ISBN 978-7-111-78542-2

Ⅰ . F272.7

中国国家版本馆 CIP 数据核字第 2025FG8843 号

机械工业出版社（北京市百万庄大街 22 号　邮政编码 100037）
策划编辑：王　颖　　　　　　　　责任编辑：王　颖　章承林
责任校对：王文凭　李可意　景　飞　责任印制：任维东
河北宝昌佳彩印刷有限公司印刷
2025 年 9 月第 1 版第 1 次印刷
165mm×225mm・17.5 印张・238 千字
标准书号：ISBN 978-7-111-78542-2
定价：99.00 元

电话服务　　　　　　　　　　网络服务
客服电话：010-88361066　　　机 工 官 网：www.cmpbook.com
　　　　　010-88379833　　　机 工 官 博：weibo.com/cmp1952
　　　　　010-68326294　　　金　书　网：www.golden-book.com
封底无防伪标均为盗版　　　　机工教育服务网：www.cmpedu.com

本书赞誉

IT 企业的高管已经数十年未曾收到像这本书一样珍贵的礼物了。在当前这个由生成式 AI（Generative AI）主导的时代，我们比任何时候都更需要这样的指导。这本书使用了清晰、易懂且简洁的语言，是不容错过的必读之作。不要等到下周，不要等到明天，现在就开始阅读吧，你的职业生涯将因此彻底改变。

——尼拉杰·阿格拉瓦尔（Neeraj Agrawal），
Battery Ventures 公司合伙人

对于每个企业来说，培养积极主动的数字化认知都是至关重要的，这是企业在数字化时代蓬勃发展的必备条件。这本书为首席信息官（CIO）提供了实用指南，帮助他们发展自身的数字化认知，并在整个企业中推广这种认知。

——诺尼·阿扎尔（Noni Azhar），Podium 公司高级副总裁

这本书分享了作者在企业数字化领域的成功秘诀。如果你希望打造一个能够充分利用生成式 AI 来应对挑战且不断成长的企业，那么这本书将是你的不二选择。

——阿米特·本多夫（Amit Bendov），Gong 公司 CEO

多年来，我一直期待这样一本对企业集成、人工智能（AI）及其在各行业数字化转型中的作用有着深刻且精炼的洞察的书。在数字化转型中，AI 正在引发一系列的变革，那些拥抱这些变革和构建相应的数字化认知的企业将会胜出。在未来几年，我将多次参考应用这本书。

——阿南德·比尔杰（Anand Birje），Encora 公司 CEO

本书的作者毫无疑问是过去十年中具有超凡影响力的数字化转型领域的先

锋。这本书为希望在新时代通过利用生成式 AI、低代码等新兴技术取得领先优势的企业提供了实用指南。

——安德鲁·陈（Andrew Chen），Andreessen Horowitz 公司合伙人

这本书可以帮助企业高管建立强大的洞察力，助力企业摆脱传统数字化转型的困境，打造敏捷的业务响应力，从而迅速实现转型。

——阿瑟·胡（Arthur Hu），联想全球首席信息官

译者序

随着时代的快速演进，我们正迎来一个崭新的数字化时代。在这个时代，生成式人工智能、低代码 / 无代码平台、机器人流程自动化（RPA）等新技术不断涌现，深刻影响着企业的运作模式与管理方式。然而，面对如此剧烈的变革，许多管理者却感到迷茫和不安。这种焦虑不仅源自对新技术的陌生，更因为他们缺乏系统化的数字化认知和 AI 领导力。本书正是为了弥合这种认知鸿沟而诞生的。

在翻译这本书的过程中，我逐渐意识到它所蕴含的巨大价值。这不仅是一本技术普及的读物，更是一本指导管理者如何在数字化时代立足的战略手册。本书从管理者的视角出发，通过深刻而生动的案例、系统的理论框架，以及切实可行的行动指南，全面呈现了在企业的数字化转型中，如何构建数字化认知和 AI 领导力。下面，我将为读者介绍本书的核心观点和它对管理者的重要性，并分享如何更好地利用本书来建立管理者的数字化认知，推动企业的变革。

1. 数字化认知与 AI 领导力的构建

数字化认知和 AI 领导力并不仅仅是对技术的理解，更是对企业数字化的全面且系统的把握。作者通过阐述生成式 AI、低代码 / 无代码工具的使用方法，为管理者提供了一种新思维，助力他们将数字化技术与企业的日常运作紧密结合起来。

管理者必须具备流程思维、成长思维和规模思维这三种关键的思维方式。

流程思维是指管理者在复杂的数字化环境中要理解不同技术之间的相互作用及其对业务的影响。本书通过对多种工具的介绍，如 RPA、API（应用程序接口）管理、数据管道工具等，帮助管理者建立系统的技术认知，从而理解如何通过这些工具的集成，打破组织内的技术孤岛，实现业务流程的贯通。

成长思维是指管理者在快速变化的技术环境中要不断学习、适应和成长。生成式 AI 的普及使得技术壁垒不断降低，本书通过案例展示了即使是非技术人员，也能通过低代码 / 无代码工具实现业务流程的数字化创新，这种成长思维对于管理者自身以及企业的成功至关重要。

规模思维是指管理者在进行数字化转型过程中，不仅要应用新技术，更要对企业文化进行相应变革，尤其是要赋能员工，让他们积极参与数字化创新。本书通过对 BigOps 生态系统的介绍，生动展示了如何通过为员工提供工具和知识，使他们成为企业数字化的核心推动者。

2. 生成式 AI 与低代码 / 无代码平台的赋能

生成式 AI 的出现就像当年流水线的发明一样，是一项颠覆性技术。本书详细介绍了如何利用生成式 AI 及低代码 / 无代码平台，快速实现业务的自动化，提升企业的运作效率。本书提出了一系列具体的应用场景，展示了这些工具如何帮助企业从烦琐的手动操作中解放出来，使员工能够将更多精力投入到创造性的工作中。

这些低代码 / 无代码工具的使用为管理者带来了以下关键价值。

（1）降低技术门槛，促进全员创新。管理者不再需要完全依赖 IT 部门，通过学习和使用这些工具，管理者乃至任何部门的员工都可以实现自己的业务需求，从而促进创新的发生。

（2）加速数字化进程，提升企业敏捷性。低代码工具的普及，使得企业能够快速响应市场需求，实现灵活的业务调整和创新。这一观点帮助管理者看到了自身在 AI 领导力中的新角色，即管理者在技术的购买者或使用者的角色基础上，通过引导和培养团队，成为真正的技术赋能者。

3. 从碎片化工具到系统化流程

数字化转型的挑战之一是如何将众多数字化工具有效整合起来，形成完整而高效的业务流程。本书强调，管理者不仅需要了解单个工具的作用，还需要掌握如何对这些工具进行流程编排，以实现企业的全局优化。本书通过具体的案例，阐述了流程编排，即如何利用集成平台即服务（iPaaS）、API 管理和数据管道工具（ETL/ELT）等构建企业的数字化基础设施，实现端到端的流程自动化。这对于管理者理解如何从战略层面实现企业的数字化转型至关重要。

管理者的流程编排能力，可帮助企业解决工具碎片化使用带来的低效问题，使得数字化转型不再是孤立的技术应用，而是全面融入业务运营的整体战略。

4. 运营角色的转型

BigOps 生态系统是本书的一个重要概念，作者用这一概念来描述企业内新兴的运营角色。这些新兴的运营角色包括营销运营（MOps）、人力资源运营、安全运营等，它们和 BigOps 生态系统是企业管理模式变革的体现。

（1）从功能管理到流程管理。过去，企业的管理方式往往是按功能划分的，而 BigOps 生态系统则强调对整体流程的管理，使得各部门的工作更加协同。

（2）全员参与数字化。这些新兴的运营角色通过低代码工具实现了自动化操作，这意味着企业内几乎所有员工都可以参与到数字化工作中，而不仅仅是 IT 人员。这极大地提高了企业的数字化水平。

管理者在阅读本书的过程中，可以学习如何在企业内建立这样的 BigOps 生态系统，赋予员工更多的权限与能力，使他们能够成为企业数字化的推动者。

5. IT 角色的战略性转型与卓越中心的建立

随着企业的数字化程度不断提升，IT 部门的角色也在发生变化。本书指出，IT 部门不再是单纯的技术支持部门，而是要成为战略性的引领部门，尤其在安全、治理、数据隐私等方面，要起至关重要的作用。

本书提出，建立卓越中心（Center of Excellence, CoE）是推动企业数字化的重要途径。通过卓越中心，企业可以在业务线之间分享知识、经验和最佳实践，避免不同部门之间重复试错，从而提高企业的数字化水平。

IT 部门的这种角色转型，帮助企业解决了以下关键问题。

（1）提升 IT 部门在企业中的战略地位。通过主动引导数字化进程，而不仅仅是响应业务需求，IT 部门在企业中的重要性得到了极大提升。

（2）确保数字化的安全性和合规性。随着数字化的深入，安全与治理的需求变得越来越重要，IT 部门作为"守门员"的角色，确保了企业在快速推进数字化时重视合规和安全。

6. 数字化变革中的个人力量

本书用一个有感染力的故事讲述了一个普通员工如何从业务人员成长为企业数字化专家的历程。这一案例展示了任何员工都可以通过学习和实践，成为企业数字化转型的催化剂。

（1）数字化的推动者不仅限于高层管理人员或技术专家。企业中的每一个人都可通过学习成为变革的推动者，关键在于企业是否有提供这种机会的文化。

（2）管理者的职责是赋能。管理者需要提供一个环境，鼓励员工去学习、探索和实践，激发他们的创造力和潜力。

7. 风险意识与社会责任

数字化的力量虽然不可小觑，但是若使用不当，也可能对社会产生负面影响。本书特别指出了"平庸技术"的危害，这些技术虽然能够短期内提高效率，但会导致岗位流失，甚至使企业与社会的距离越来越远。本书强调了管理者在推动数字化时必须承担的社会责任，比如兼顾员工的成长与发展，避免因为过度依赖技术而对员工产生负面影响。

（1）数字化不是单纯地提高效率，更要考虑长远的社会影响。管理者应在数字化过程中为员工提供新的成长机会，而不是简单地用技术取代人力。

（2）建立一个公平、包容的数字化转型环境。数字化应当是所有人共同参与的过程，管理者需要为不同岗位的员工提供学习和转型的机会，以确保每个人都能在数字化浪潮中找到自己的位置。

8. 如何阅读与实践这本书

这本书涵盖了生成式 AI、低代码平台、流程编排、BigOps 生态系统等众多方面的内容。为了帮助读者最大限度地发挥本书的价值，建议从以下几个角度进行阅读和实践。

（1）系统性理解全局，逐步应用细节。先阅读前几章，建立对生成式 AI、低代码工具等关键技术的整体认识，再结合后续的具体案例，思考如何在企业的具体场景中应用这些技术。

（2）从自身企业的现状出发，寻找最佳应用场景。每个企业的数字化转型都有其独特的背景和需求，建议管理者结合企业的现状，找出最需要优化的业务流程，从小处着手，逐步扩展。

（3）鼓励员工参与，共创数字化未来。管理者可以通过本书中的案例和理论，引导企业员工参与到数字化项目中，特别是利用低代码工具，让员工成为业务自动化和创新的主导者。

（4）重视数字化的社会影响与责任。在应用数字化技术的同时，始终保持对员工、客户和社会的责任感，确保技术的使用是为了创造更大的社会价值。

9. 走向数字化未来的必备指南

本书为管理者提供了一幅清晰的数字化路线图，帮助他们在快速变革的数字化时代中找到方向。这不仅是一部关于技术的书籍,更是一本关于如何领导、如何创新、如何在人类与技术的协作中创造更好未来的指南。

在翻译这本书的过程中,我深深感受到作者对管理者的期望:不仅要理解技术,更要通过技术去赋能员工和团队,建立一个富有创意和活力的数字化企业文化。希望每位读者都能够从本书中汲取灵感,找到属于自己的数字化领导力之路,为企业和社会的未来发展贡献一份力量。

感谢我的家人和朋友们,感谢各行各业的企业客户们,丰富的实践是知识和洞察的源泉,感谢广大读者和同行们的支持才使得这本书的翻译工作⊖得以顺利完成。当然,本书的翻译恐有遗漏之处,恳请各位读者朋友不吝指教,万分感谢。

史凯

2024 年 10 月 于北京

⊖ 针对英文原书中部分内容比较零散、重复出现、比喻和英文俚语较多等问题,翻译时进行了相应调整且没有进行直译,而是根据我国数字化转型的具体情况进行了意译。——译者注

前　言

在我从事 IT 行业超过 45 年的时间里，我在 Gartner 担任分析师有 25 年的时间。在那期间，我对集成和数字化充满了浓厚的兴趣。很多年前，我花费数天将奥利维蒂（Olivetti）系统与 IBM 大型机连接起来。那次经历让我意识到，使不同系统的数据集成起来，可以产生新的智慧，能够带来远超各部分独立运行的业务效益。那时，我正帮助意大利的一个地方公共机构建立和分析特别重要的业务流程项目。从那以后，我帮助了全球成百上千的组织，建立用数据智能实现业务价值的最佳方式。

我对这一领域的深入关注让我结识了 Vijay，他是这一领域的开创者之一。作为 Gartner 的分析师，我密切关注 Vijay 在 TIBCO、Oracle 和 Workato 的创新，他将创业精神、业务洞察、行业前瞻、领导才能、开放认知和自我管理完美结合。

此外，我和 Vijay 在信息技术（IT）的角色和本质上也有许多相同的观点，这些观点在本书中有所体现。我们知道现代的端到端业务模型需要通过人工智能进行集成。数字化是目标，集成是手段。这本书从数字化的动机、驱动因素和收益的独特视角，阐述组织应建立数据管理体系，实现端到端的跨功能流程集成，从而提升整体效能，而不仅仅是对单个环节进行数字化。

越来越多的组织正在启动人工智能的项目，同时，越来越多的提供商也开始自称为人工智能服务商。然而，人工智能越来越多地与全局优化联系在一起。例如，一些传统上在技术集成领域已确立地位的供应商，正在重新定位自己为人工智能服务的提供者。那么，你应该如何看待人工智能与集成的概念呢？这两个领域又是如何相互关联的呢？在我看来，答案其实很简单：它们是同一枚硬币的两面。没有集成，就没有真正的数字化；而数字化是集成的业务成果。

1. 什么是数字化

在信息技术领域，数字化通常指使用数据和人工智能等软件技术来建立和执行一系列条件驱动的明确步骤，这些步骤是完成业务任务（例如，发出采购订单）或业务流程（例如，发起贷款申请）所必需的。数字化的目标非常明确：显著缩短执行任务或流程所需的时间、减少人工操作、通过消除手动数据重新输入来提高准确性，以及实现对整个流程活动的跟踪和报告。

大多数 IT 应用程序的初级阶段聚焦自动化。例如，财务应用的基本目标是在总账、应收账款、应付账款和财务结账等环节实现任务和业务流程的自动化。因此，可以说，自组织购买第一套计算机系统或应用程序开始，就启动了自动化。

这种经典的自动化形式通常在单个组织单位内部（例如，财务、人力资源、销售、采购、供应链和制造）实现，并主要通过广泛的应用程序套件（例如 ERP 或 CRM 套件）完成。然而，多年来，组织一直在使用集成技术，如企业服务总线（ESB）、数据仓库（Data Warehouse）以及提取、转换和加载（ETL）工具，以实现跨不同应用程序的数据同步、处理和分析。

当下，大量的企业需要打破组织壁垒，实现跨职能业务流程的融合和整体数据的拉通共享，从而推动业务的数字化转型。这需要新的方法，而以大模型为代表的人工智能技术能够提供新的价值。

为了追求业务敏捷性，有远见的企业高管希望通过整合多个系统的数据，并利用 3D 打印、无人机和工业机器人等实现端到端的流程优化，他们还希望能够以更加智慧、敏捷的方式轻松且迅速地重塑、扩展或修改这些流程，以应对新的市场需求和业务变化，这正是数字化的核心目标。

为了支持业务敏捷性，每个企业都需要建立自己的数字化策略，从而使企业内部员工、业务用户以及潜在的业务伙伴能够通过多种渠道（如网络、移动设备、机器人等）参与人工智能大模型的构建和运行。

2. 什么是集成

在现代企业的 IT 架构中，独立设计的系统需要能够协同工作，但这并非易事。这些系统在构建方式、使用的技术、数据处理方式以及我们与它们交互的方式等方面往往存在不一致性。它们由不同的供应商或开发团队在不同的时间开发，且在开发之初往往缺乏前期协调。因此，它们的数据模型、外部接口（无论是 API 还是事件）、交换格式、通信协议、技术平台乃至数据语义往往大相径庭。

幸运的是，集成技术可用于连接不同的系统，并通过调和它们在数据语义、外部接口和通信协议方面的差异来实现数据交换。例如，集成使得现代基于云的销售管理系统能够与有 40 年历史的本地部署 ERP 系统交换销售数据，从而实现从订单到现金（Leads To Cash，LTC）的业务流程。

因此，在现代的端到端数字化转型中，需要借助数据集成和整合能力来协助和补充传统的流程编排能力，这正是数据智能技术对企业数字化转型的重要价值所在。

如果没有一个紧密对齐且连贯的数字化策略，数字化转型就会出现断档，导致投入无法与价值相匹配，无法实现企业领导层所期待的全局优化，甚至退回到传统的信息化建设阶段。

因此，组织的数字化和数据集成应该像同一枚硬币的两面一样，共同设计，这枚硬币可比喻为管理者的数字化认知。

与分职能、分领域进行的信息化策略相比，建立统一的企业数字化策略在业务价值上具有可衡量的收益，包括以下几点。

- 通过数据智能简化流程、减少手动错误，并将人力资源从日常、重复和低价值的任务中解放出来，从而降低成本并提高效率。
- 通过数据驱动，实现流程融合与重塑，逐步扩展已建立的流程，同时缩短价值创造的时间，提高业务敏捷性。
- 通过数据拉通共享，重塑通用 IT 系统和设备，推动创新产品和服务的开发，从而实现业务差异化。

- 通过为客户/员工提供一个集成的、一致的、直观的、对话式的人工智能用户界面（UI），改善客户/员工体验。
- 通过实时收集、汇总和分析全量业务数据并据此采取行动，实现实时业务洞察和改善经营。

战略导向的业务价值创造也是企业管理者数字化认知的重要组成部分。

- 建立管理者的数字化认知，使得一系列战略举措得以实施，包括人工智能和高级分析、数字化转型、API 经济、超级数字化、应用现代化、企业云化以及可组装型企业。
- 通过定义一套清晰且通用的技术策略和方法论，将各类技术融合实施，从而降低成本，提高应对复杂情况的能力，促进技术和业务的协同。这使得企业数字化举措的规划、管理、监控和治理变得更加高效和简化。

3. 建立统一的数字化战略

建立统一的企业数字化战略往往并非易事。通常，系统集成由 IT 部门负责，而数据智能场景的应用可能是业务团队的责任。这种分工可能导致摩擦、组织壁垒、财务或人力资源部门间的业务交叉等问题。因此，系统集成和数据智能场景的应用必须要实现统一，这在许多大型组织，如 Atlassian、MGM、Kaiser Permanente、Adobe、HubSpot 等都有案例证明。

分开实施的 IT 项目通常会导致建立不同的卓越中心（CoE）。因此，统一之旅的第一步是将 IT 团队和卓越中心合并为单一的企业数字化转型团队。

遗憾的是，组织、政治和技术因素可能会极大地阻碍，甚至彻底阻止建立统一的企业数字化战略。因此，建立共识对于数字化转型的成功至关重要。这并不容易，需要一个有条不紊且经过深思熟虑的过程，需要借助经验丰富的数字化布道师来建立共识，从而获得业务领导者的支持。这个过程应包括以下步骤。

- 通过布道和培训，让 IT 部门和业务领导者认识到数字化转型与信息化集成是同一枚硬币的两面。
- 通过展示实际的优秀项目案例，说明如何结合 IT 和数字化技术及其相关技能，来提高效率、降低成本并加快价值实现。
- 减少在这两个领域中技术和技能的重复投资，寻找规模经济效应。将具有不同专长的团队聚集在一起，共同头脑风暴，探讨如何结合工具和方法，创造出更强大的成果。

将信息化和数字化领域统一起来的决定性推动力将来自于生成式 AI 在企业数字化转型中的应用所带来的生产力的飞跃提升。这将消除两个领域之间的区别。通过自然语言描述任务或流程的需求，然后利用生成式 AI 技术创建实际的任务/流程以及所有必要的技术组件和代码。这种方法不仅极大地提高了开发人员的生产效率，还将进一步推动企业数字化的普及——业务人员不再依赖 IT 人员的支持，几乎不需要额外培训，只需要告诉系统他们所追求的业务成果就可实现任务和业务流程数字化。

生成式 AI 听起来是否过于完美而不真实？不可否认，生成式 AI 仍处于起步阶段，在它达到企业级应用之前，必须解决一系列安全、合规、隐私、可靠性、信任以及知识产权等问题。

然而，最初的概念验证（Proof of Concept，PoC）交付了非常有希望的初步结果。我认为在 2~3 年的时间里，生成式 AI 将成为企业数字化最受欢迎的生产方式。

随着软件即服务（SaaS）、云计算和应用专业化的到来，数字化领域需要从单一领域的活动转变为跨系统的端到端业务流程。这一转变使得数据成为实现我们期望结果的核心能力。通过统一流程和数字化策略，可使企业在接下来几年内有效且高效地实现数字化转型。

本书呈现了前瞻的洞见和宝贵的案例，探讨了业务和 IT 领导者在企业数字化、人工智能以及业务发展方面的思考。企业数字化不仅可提升企业的运营能力，更是构建企业核心竞争力的关键。这要求我们摒弃着眼于短期任务优化的狭隘认知，构建一种全面的、战略性的且覆盖整个企业范围的数字化认知。本书旨在为企业提供这场变革旅程中所需的路径和行动指南。

马西莫·佩齐尼（Massimo Pezzini）

致　谢

将我们对即将到来的数字化与 AI 时代的观点和愿景汇集成书的过程，是一段极度依赖众多专家和团体支持的旅程。我非常幸运，能得到众多才华横溢的朋友们的支持。我要深深感谢各位朋友对这个项目的贡献。参与者众多，这正显示了整个团队在这项工作从构思、写作到编辑和出版的每一个环节中所付出的努力。

首先，我想向 Workato 的客户和合作伙伴表达我最深的感激和感谢。他们是我们的灵感、我们的动力、我们的想法来源，也是我们做所做事情的原因。正是他们的经验和知识构成了本书中所包含的概念和策略的基础。感谢他们一直在推动我们，与我们合作，并激励我们。

非常感激我的合著者斯科特·布林克（Scott Brinker）和马西莫·佩齐尼（Massimo Pezzini）。他们的洞察力、智慧、指导、对企业软件的认知以及对我的鼓励，对我和这本书来说都是无价的。他们对于业务可能性的共同热情是具有感染力的。

这个项目还有两位关键合作者，没有他们这本书无法顺利启动：Alex Lamascus 和 Dan Kennedy。事情起始于 2021 年 5 月，Alex Lamascus 提出了一个想法，即把一系列观点整理成书。在之后的两年时间里，Alex 负责引领和管理这本书从构思到完成再到出版的整个过程。

Dan Kennedy 在 2022 年 1 月加入了项目团队，他不仅在企业架构领域拥有深厚的专业知识，还展现出卓越的领导力和写作才能，甚至还参与了设计工作。Dan 是团队中不可多得的多面手，我非常感谢他对这本书的贡献。

我参与过不少重大项目，但这一次真的让我无法用言语表达我的感受。Alex 和 Dan 对这个项目的贡献令人难以置信，他们帮助我们圆满完成了项目。在极短的时间内，他们不仅创造了大量新的内容，还深入探讨了我们需要涉及的所有重要概念和思想（其中很多都需要原创），这种努力和才智让人叹为观止。尽管有很多人做出了重大贡献，但这两位无疑是项目的中坚力量。我真心感谢他们的无私奉献。

特别感谢我们才华横溢的设计师娜塔莉·布鲁萨德（Natalie Broussard）和凯西·奥马利（Cathy O'Malley），以及我们的品牌负责人西米·帕特尔（Simmi Patel）。她们给这个项目带来了创造力和视觉魅力，为了帮助我们实现目标，常常工作到很晚。我非常感激她们的奉献和努力工作，以及对设计敏锐的眼光。

我也要感谢以下合作伙伴和审稿人，他们的反馈、写作和建议极大地提高了这项工作的质量：安德烈斯·拉米雷斯（Andres Ramirez）、加比·莫兰（Gaby Moran）、马库斯·齐恩（Markus Zirn）、巴斯卡·罗伊（Bhaskar Roy）、巴拉特·亚德拉（Bharath Yadla）、卡特尔·布赛（Carter Busse）、德里克·罗伯茨（Derek Roberts）、特里迪韦什·萨兰吉（Tridivesh Sarangi）、托德·格拉康（Todd Gracon）、侯赛因·汗（Husain Khan）、卡鲁纳·穆克杰雅（Karuna Mukherjea）、托马斯·里姆（Thomas Ream）、谢尔·科娅拉（Shail Khiyara）和克里斯汀·科洛西莫（Kristine Colosimo）。他们愿意与我们分享时间、知识和专业技能，这是这个项目成功的核心。

我要感谢 Workato 的创始人和其他领导们。他们对客户的奉献和热情让一切成为可能，我非常感激他们每一天所做的一切。这本书中的许多想法都来自于与我的搭档克罗姆·维斯瓦纳森（Gautham Viswanathan）的紧密合作，以及我们多年来与客户的合作和对这种心态愿景的打磨。

没有家人的支持和耐心，我就不能完成本书的写作。

感谢大家成为这段旅程的一部分。

——维杰·特拉（Vijay Tella）

目 录

本书赞誉
译者序
前言
致谢

页码	章 / 标题
1	引言
10	参考资料

第一篇　数字化认知

15	第 1 章　开启数字化
17	1.1　超越适应性
18	1.2　全新的数字化思维
19	1.3　释放数字化认知
20	1.4　知行合一
20	参考资料
23	第 2 章　流程思维
25	2.1　任务思维与流程思维
27	2.2　流程清单
28	2.3　从零散的孤岛到整体系统
30	2.4　从局部最优到全局最优
33	参考资料
35	第 3 章　成长思维
36	3.1　持久与变革

页码	章 / 标题
37	3.2 敏捷的价值
39	3.3 标准化与适应性
40	3.4 过度搭建秋千架
41	3.5 成长思维实践
44	3.6 扩展视角
44	参考资料
47	**第 4 章　规模思维**
48	4.1 影子 IT
49	4.2 转型不应仅限于 IT
51	4.3 拥抱规模，赋能企业
52	4.4 民主化革命：数字化团队
56	参考资料

第二篇　架构基础

页码	章 / 标题
61	**第 5 章　流程编排**
62	5.1 数字化方法
65	5.2 任务导向
66	5.3 流程编排的构成要素
67	5.4 流程编排所需的技术能力
68	5.5 企业的大脑
70	参考资料
73	**第 6 章　可塑性**
74	6.1 可塑性的本质
77	6.2 打破常规

页码	章 / 标题
80	6.3　AI 辅助的流程编排
82	6.4　灵活的体验
82	参考资料
85	**第 7 章　数字授权**
86	7.1　业务与技术的平衡
88	7.2　生成式 AI 在企业中的应用与挑战
89	参考资料

第三篇　数字化实践指南

93	**第 8 章　开启数字化之旅**
95	8.1　数字化的五大支柱
99	8.2　数字化探索
99	8.3　创新数字化
101	参考资料
103	**第 9 章　后台运营**
104	9.1　为后台运营解锁业务价值
105	9.2　数字化应用案例：信息技术服务管理
109	9.3　数字化应用案例：简化事件管理
110	9.4　数字化应用案例：减少交通罚款
111	9.5　数字化应用场景：自动进行现金对账
112	9.6　后台数字化的力量
114	参考资料
117	**第 10 章　前台业务**
118	10.1　企业影响力始于前台

页码	章 / 标题
120	10.2　RevOps 的兴起
121	10.3　潜在客户管理数字化案例
123	10.4　企业前台的数字化创新
125	参考资料
127	**第 11 章　员工数字化体验**
129	11.1　令人愉悦的数字化体验
134	11.2　员工数字化体验的创新
135	11.3　未来的工作空间
136	参考资料
139	**第 12 章　客户数字化体验**
140	12.1　以人为本设计客户数字化体验
144	12.2　全客户旅程的数字化
147	参考资料
149	**第 13 章　供应商的运营数字化**
150	13.1　供应商的运营数字化层级
152	13.2　供应商的运营数字化创新
153	13.3　供应链的数字化
160	13.4　未来的供应链
161	参考资料
163	**第 14 章　平台驱动的企业**
164	14.1　实现路径
170	14.2　建立企业运营平台的步骤
171	14.3　为传统业务带来新认知

页码	章 / 标题
171	参考资料

第四篇　实现目标

175	**第 15 章　企业级 AI 平台**
176	15.1　生成式 AI 对企业的挑战
177	15.2　生成式 AI 的可操作平台
183	**第 16 章　数字化工具**
186	16.1　机器人流程自动化
187	16.2　业务流程管理套件
189	16.3　集成平台即服务
190	16.4　API 管理
192	16.5　ETL 和 ELT
193	16.6　低代码 / 无代码工具
205	**第 17 章　企业数字化**
206	17.1　数字化认知的能力
208	17.2　技术应服务于业务目标
210	17.3　企业数字化要素
211	17.4　企业数字化平台
219	17.5　企业数字化的三大支柱
223	**第 18 章　数字化运营模式**
224	18.1　数字化运营模式的分类
227	18.2　数字化运营模式的主体
228	参考资料

页码	章 / 标题
231	**第 19 章　企业的未来**
232	19.1　亚马逊的 AWS
233	19.2　亚马逊的数字化认知
236	参考资料
239	**第 20 章　新的职业道路**
241	20.1　经济价值的爆炸式增长
242	20.2　数字化改变职业道路
242	20.3　运营角色与 BigOps 生态系统
244	20.4　IT 角色的价值增长
245	20.5　成为催化剂
247	20.6　引领数字化变革
248	参考资料
251	**附录　数字化转型全民化的关键角色**

The New Automation Mindset

引 言

据高盛（Goldman Sachs）预测，生成式 AI 将在未来十年显著提升全球生产力，预计每年可提高劳动生产率 1.5%。然而，尽管数字化转型的投资巨大且备受关注，但约 90% 的企业未能取得预期的成果。AI 能否成为数字化转型的救星？答案是复杂的。一方面，AI 确实具有巨大的潜力，能够通过优化流程、提升效率和创新业务模式来推动企业转型；另一方面，许多企业过于关注技术本身，而忽视了组织层面的认知和文化变革，这在转型过程中同样重要。

我们正处于算力时代和未来工作模式的关键转折点。生成式 AI 的出现消除了创意者和生产者之间的障碍，使企业能够更高效地实现从创意到执行的无缝对接。同时，云原生和低代码平台的兴起，为企业提供了前所未有的透明度、操作便捷性和治理能力。这些技术的结合将释放出巨大的创新和数字化转型潜力，推动企业在激烈的市场竞争中脱颖而出。

在 TIBCO、Oracle 和 Workato 的职业生涯中，我有幸与 FedEx、Amazon、Nike 和 Grab 等开创性企业合作，见证了它们的变革之旅。这些企业拥有一种独特的组织心态，愿意接受新技术和挑战，正如作家纳西姆·尼古拉斯·塔勒布（Nassim Nicholas Taleb）所称的"反脆弱性"。这种心态使它们能够在不确定性和压力中蓬勃发展，而不是仅仅追求稳定性。此外，这些企业拥有充足的资源——无论是技术还是人才——这使它们能够有效地执行数字化转型计划。

在当今数字时代，有了正确的认知模式，任何企业都可以实现战略级的转型，而不再依赖于前几代领导者所拥有的庞大资源。随着生成式 AI 和低代码等数字化技术的出现，企业正以更高的速度和规模实现转型和高质量发展。这些技术不仅降低了转型的技术门槛，还通过提供透明度、操作便捷性和治理能力，使企业能够更灵活地应对市场变化。

正如康奈尔大学工作空间研究所所长路易斯·海曼（Louis Hyman）教授所指出的，工业时代生产力的大幅提升并非仅仅源于新技术的发明，更关键在于人们掌握了如何利用这些新技术重新组织工作的方式。这种变革既体现在技术层面，也体现在组织管理层面。同样，在数字化时代，企业的数字化转型并非单纯的技术升级，而是一场深刻的组织转型。

我希望这本书能为首席执行官（CEO）、首席信息官（CIO）以及其他业务和技术领导者提供一个认知方法蓝图，从而快速建立一种关注全局、勇于变革、让每个人都参与其中的工作方式。这种新的工作方式源自管理者需要建立的深刻的数字化认知。

管理者的数字化认知强调数字化转型对于业务价值的贡献。信息化时代，IT间接服务于企业价值创造，是业务的局部支撑。在数字化时代，企业的数字化转型必须直接贡献于业务价值。以大模型为代表的人工智能技术，应以业务价值为核心，通过建立端到端的价值流，实现从客户需求到价值交付的高效流转。这种转型不仅需要技术的赋能，更需要企业具备高响应力，以应对不确定的市场环境。通过数据驱动的方式，企业可以更好地整合资源、优化流程，并最终走向智能化，成为数据驱动的智能企业。

管理者的数字化认知有以下三个关键要素。

一是用系统性思维从全局视角解决问题和进行决策，而不是仅仅用任务思维通过信息化来简化单个任务和流程。

二是从最初的原则出发思考问题，打破常规并拥抱变化。在面对挑战时，不能为了应付表面问题而进行局部调整，而是要认清数字化转型的本质。

三是赋予那些更接近业务的人具有发起和领导变革的权力，而不是依赖技术专家。

下面，我们从三个视角深入探讨构建管理者的数字化认知的基础。

1. 遵循系统思维或任务思维

企业中的应用程序原本旨在实现业务流程和功能的自动化，取代手工作业。然而，随着数据碎片化和上下文切换的增加，企业内部充斥着繁杂的工作。

阅读心得

研究表明，在现有的数百个应用程序基础上继续部署更多应用，不仅无法减少上下文切换的时间，反而会增加总时间。如图 0-1 所示，数字化工具创造了更多手工流程。

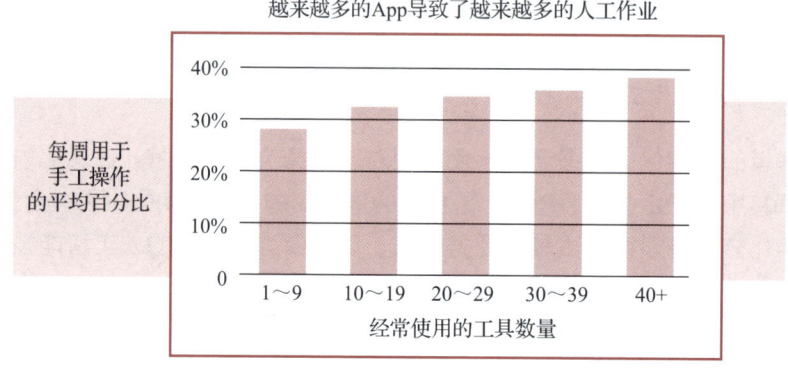

图 0-1 数字化工具创造了更多手工流程

更大的问题在于，企业往往只关注局部的增量改进，且只围绕各自独立的应用程序和任务开展业务，而忽视了更宏观的集成和拉通。

数字化转型的主导范式是寻找手动任务并用机器人技术、大模型技术实现全局数字化。虽然短期内建立信息化系统可以节省成本，但这种方式固化了现有的流程模式，与数字化转型的目标背道而驰。这种"任务导向"的思维使企业陷入琐碎事务，错失战略性转型的机会。正如管理学大师彼得·德鲁克所说：高效地做那些根本就不需要做的事情，是再无用不过的投入了。

生成式 AI 正在进入这个以任务为中心的碎片化 IT 世界。虽然将 AI 应用于当前手工任务可以节省劳动力成本，但这仅仅是 AI 潜力的一部分。如果仅将 AI 用于固化现有业务模式，企业将无法实现 AI 的潜在的革命性影响。

在 IT 碎片化导致工作割裂的环境中，生产力可能达到峰值后开始退化。但如果企业运用系统思维和精益认知，将人员、流程和技术协调到一个更大的愿景中，打造管理者的数字化认知，生产力将大幅提升。这种转型不仅

阅读心得

需要技术赋能，还需要通过数据驱动的方式，实现从客户需求到价值交付的端到端价值流。技术栈扩展力与业务生产力的关系如图 0-2 所示。

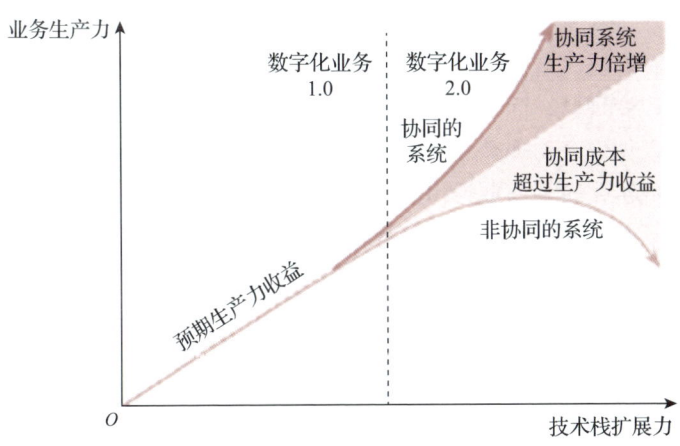

图 0-2　技术栈扩展力与业务生产力的关系

人类历史上一些最具开创性的发明，如汽车、蒸汽机和印刷机，不仅改变了人们的出行、工作和学习方式，还推动了生产力的巨大提升，颠覆了传统就业岗位，同时创造了更多有价值的新岗位。AI 也是如此，它是一种颠覆性创新技术，但要充分发挥其潜力，仅靠技术本身是不够的。企业需要建立新的数字化认知，从客户价值、全局需求和端到端流程的大局出发，以业务价值为起点开启数字化转型。

然而，在现实中，即使企业具备了全局视野，明确了数字化转型的蓝图和方向，推动变革仍可能遇到显著阻力。这涉及管理者数字化认知的第二个视角。

2. 拥抱变化，打破现状

具备数字化认知的企业能够积极拥抱变化，并展现出反脆弱性。作家纳西姆·尼古拉斯·塔勒布将反脆弱性定义为一种能力，即不仅能够承受变化带来的冲击，还能从中受益并茁壮成长。在面对经济衰退，云计算、大数据和人工智能等技术的快速应用时，大多数企业选择了快速适应。然而，

阅读心得

真正具备反脆弱性的企业会将外部冲击、技术干扰和挑战视为重新思考业务模式、迎接新市场和新机会的动力。

几乎每家企业都必须面对并适应 AI 带来的冲击。具有逆境响应力的企业会利用这种冲击来重新思考业务目标以及实现这些目标的方式。这样的企业不害怕改变现状，而是利用这个机会进行重构，从而变得更加强大。这种能力不仅体现在对现有业务流程的优化，更在于通过系统性思维和全局视角，将数字化转型与业务价值紧密结合，从而实现从不确定中获益。企业在压力下的三种表现如图 0-3 所示。

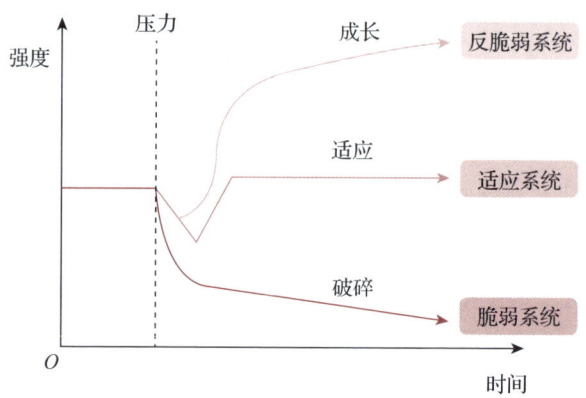

图 0-3　企业在压力下的三种表现

在过去 30 年中，我见证的每一个行业领先企业都具备并持续展现出逆境响应力。这些企业不仅能够承受外部冲击，还能在逆境中变得更强大。例如，亚马逊（Amazon）通过不断拓展业务边界，从电商巨头转型为涵盖云计算、人工智能和物流等多元业务的科技公司。Toast 在实体餐厅销售点业务受阻时，迅速转向提供送货、金融和无接触订餐等新服务。联邦快递（FedEx）在面临市场挑战时，通过创新物流模式和优化运营，成功巩固了其在快递行业的领导地位。Grab 在共享出行业务受挫后，转型为超级应用，为东南亚客户提供从食品到金融服务的多元化服务。TripActions（现更名为 Navan）在商务旅行市场萎缩时，转型为一家专注于财务管理

阅读心得

和金融服务的企业。

生成式 AI 的出现极大地加快了企业开发新解决方案和持续迭代的速度。那些拥抱反脆弱性和管理者数字化认知的组织，能够更轻松地拆解现有流程，优化新流程，并通过人工智能技术重构它们。然而，现实的挑战在于，企业拥有成千上万的流程，谁来完成这些流程的拆解和重建工作呢？流程优化不应仅是技术专家的专属领地，而应是业务与技术团队的深度合作。这种跨职能合作能够确保流程优化不仅基于技术可行性，还紧密围绕业务价值和客户需求。

一个业务实体由成千上万的流程构成，无论大小。这些流程的集合决定了业务的运作方式。在许多企业中，这些流程的数量庞大到几乎不可能仅通过自上而下的方式实现转变，因为这种管理手段往往会增加更多的管理复杂性。

史蒂夫·乔布斯（Steve Jobs）曾经精辟地指出：流程优化的权力应该授予那些在流程中工作并致力于改善流程的人。在企业的各个层面上，由有才华的个人而非仅仅是 IT 专家开展的这种自下而上的创新，可以在数以百计的大小流程中创造出竞争优势。这正是精益数字化认知所强调的从业务一线获取价值的火种。

精益数字化认知强调，团队的赋能必须与治理和度量机制相结合，否则企业将面临风险。以前，企业的业务部门将业务流程需求发送给 IT 部门，由 IT 部门实施落地，而现在，IT 团队成为业务团队进行数字化转型的指导者和参与者。因此，在这个新时代，首席信息官（CIO）将更加关注业务核心，并真正参与业务转型。

数字化已经成了企业全员的工作，尤其是通过生成式 AI 的推动，更多的跨流程工作回到内部团队手中。这一趋势被福雷斯特（Forrester）的分析师莱斯利·约瑟夫（Leslie Joseph）称为内包（Insourcing）。

3. 生成式 AI+ 云原生将改变一切

低代码（Low-Code）、云原生和大数据技术极大地降低了企业数字化转型

阅读心得

的门槛，使得组织中更广泛的人员能够参与其中。原本需要数周甚至数月才能完成的任务，现在可以在数天内实现，且更多团队成员可以参与到这一过程中。然而，即使是低代码创作者，虽然他们不需要掌握专业编程知识和技能，但依然需要具备编程者的思维方式。这一点限制了企业内那些充满创意的员工，使他们难以有效地参与企业的数字化转型。

生成式 AI 则消除了编码障碍，使得企业在客户体验、员工体验、业务运营、销售或市场营销等方面，都可借助 AI 实现流程数字化。与此同时，云原生（Cloud-Native）、低代码（Low-Code）等具备操作易用性、治理和安全性，可持续改进 AI 生成的数字化流程。

AI 和云原生平台共同扩大了企业数字化的视野，为新想法的落地打开了大门，让它们得以实现并大放异彩。这一时刻，流程和 AI 充分融合，可以与搜索世界在谷歌（Google）出现之前和之后的情景相比。有了谷歌，搜索在我们生活中无处不在。如今的数字化世界，就像是一个离线状态下的谷歌，需要数天才能提供搜索结果，我们将大幅减少搜索的频率，而生成式 AI 配合云原生技术将帮助我们实现剩余的潜力，并帮助我们持续迭代和改进。这将对我们的工作方式产生了革命性的影响。

当前，那些拥抱人工智能（AI）和数字化转型，并践行管理者的数字化认知方式的关键原则——系统思考、精益思考、适应能力的企业将变得势不可当，并从市场竞争中脱颖而出。过去，巨大的转型需要大多数企业所不能承担的资源投入。如今，低代码、云原生和生成式 AI 等技术的出现，使得企业能够以更低的成本和更高的效率实现数字化转型。

生成式 AI、云原生平台、数据云平台以及低代码数字化的巨大进步和融合，正在为突破性的数字化转型打造一个所有企业可实现、可触达的管理者的数字化认知蓝图。

云原生部署（Cloud-Native Deployments）和订阅消费模式，使得企业软件的采用和操作几乎与普通消费品一样容易。

我们所称的企业数字化，是一种由多功能、低代码、大数据和云平台构成的数字化业务体系，由企业所需的治理和安全规则所支撑。企业数字化大大降低了企业规模化的门槛，使得更多企业能够开始并执行有意义的转型。生成式 AI 进一步降低了这些门槛！过去，低代码虽能简化编程，但仍需具备编程思维。生成式 AI 消除了最后一公里的阻碍，完全不需要编码。业务团队可以通过与大模型对话来创建数字化解决方案。

然而，要在企业中应用生成式 AI 并发挥其潜力，需要具备以下条件。

- 必须由企业的执行平台支持，例如企业需要打造一个模型即服务平台，其能力、多功能性和表现力必须与企业所需的大模型相匹配。
- 大模型生成的解决方案必须是可解释和可理解的，这样我们才能自信地将其投入生产使用。低代码平台被设计为对业务用户本质上透明，这正是它们被称为低代码的原因。
- 云原生部署意味着使用大模型创建解决方案的技术水平较低的人员可以像使用他们最喜爱的应用程序一样轻松部署。
- 企业数字化的治理和安全性确保了企业可以安全地大规模采用人工智能。

在未来几年中，生成式 AI 和企业数字化将在组织的转型之旅中形成紧密的协同作用，企业级 AI 如图 4 所示。

无论是从数字化转型的角度，还是从人工智能（AI）的视角来看，实施和运用新型数字化认知的策略都是一致的。AI 极大地降低了数字化的门槛，让更多人能够比以往任何时候都更容易地接入数字化。企业数字化不仅带来了灵活性、透明度和消费者级的操作体验，还提供了必要的管理机制，使任何企业都能够实现大规模的转型。

本书分为四篇，旨在引导您理解新的数字化认知及其在企业中的实践方法。

本书面向广泛的读者群体，包括首席级别高管、IT 领导者和数字化从业者，确保数字化转型成为一项团队协作的工作。本书内容的结构设计便于读者根据自己的角色和兴趣轻松掌控。第一篇和第四篇专为首席级别高管和董

阅读心得

事会成员设计，第二篇对首席信息官（CIO）、首席数字官和企业架构师特别有益，第三篇则专门针对广大数字化从业者。

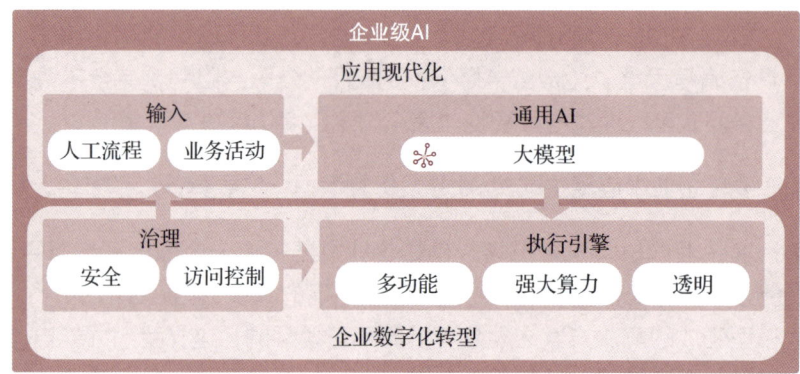

图 4　企业级 AI

第一篇深入介绍了构建反脆弱企业所需的三种基本认知模式。我们将引导您理解精益数字化的新思考方式，并强调需要从当前模式中转变认知范式。

第二篇探讨了正确的认知需要与强有力的数字化战术方法相结合。本篇提供了实现成功的精益企业架构的实施方法和策略概述。

第三篇针对企业中的实践者，分享了数字化场景和最佳实践，涵盖前台、后台、客户体验、员工体验以及供应商和合作伙伴操作。高级管理人员可以浏览这一部分，或者直接跳转到第四篇。业务和 IT 实践者可以根据自己的专业领域，选择关注与之最为紧密相关的章节。

第四篇讨论了如何将新的认知模式和架构基础与现有的流程和数字化技术相结合。此外，探讨了运营模式的转型以及数字化对未来职业的影响。

参考资料

1. Goldman Sachs, 2023, "Generative AI Could Raise Global GDP by 7%,"

(April 5), **https://www.goldmansachs.com/insights/pages/generative-ai-could-raise-global-gdp-by-7-percent.html**.
2. LaBerge, Laura, Kate Smaje, and Rodney Zemmel, 2022, "Three New Mandates for Capturing a Digital Transformation's Full Value," McKinsey, (June 15), **https://www.mckinsey.com/capabilities/mckinsey-digital/our-insights/three-new-mandates-for-capturing-a-digital-transformations-full-value**.
3. Taleb, Nassim, 2014, *Antifragile: Things That Gain from Disorder*, New York: Random House.
4. Hyman, Louis, 2023, "It's Not the End of Work. It's the End of Boring Work," *New York Times*, (April 22), **https://www.nytimes.com/2023/04/22/opinion/jobs-ai-chatgpt.html?searchResultPosition=2**.
5. Murty, Rohan Narayana, Sandeep Dadlani, and Rajath B. Das, 2022, "How Much Time and Energy Do We Waste Toggling Between Applications?" *Harvard Business Review*, (August 29), **https://hbr.org/2022/08/how-much-time-and-energy-do-we-waste-toggling-between-applications**.
6. Brinker, Scott, 2021, "Wait, More Martech Tools Create More Manual Tasks?!" *ChiefMartec*, **https://chiefmartec.com/2021/04/martech-tools-manual-tasks/**.
7. American Society for Quality, "Steve Jobs on Joseph Juran and Quality," YouTube Video, Uploaded January 24, 2014, **https://www.youtube.com/watch?v=XbkMcvnNq3g**.
8. Joseph, Leslie, 2022, "Take the First Steps Toward an Automation Fabric," *Forrester*, (May 19), **https://www.forrester.com/report/take-the-first-steps-toward-an-automation-fabric/RES177540**.
9. Cai, Yuzhe, Shaoguang Mao, Wenshan Wu, Zehua Wang, Yaobo Liang, Tao Ge Chenfei Wu, Wang You, Ting Song, Yan Xia, Jonathan Tien, and Nan Duan, 3023, "Low-code LLM: Visual Programming over LLMs," *Microsoft Research Asia*, (April 20), **https://arxiv.org/pdf/2304.08103.pdf**.
10. Holland, Tom, and Jeff Katzin, 2019, "Beyond the Downturn: Recession Strategies to Take the Lead," *Bain & Company*, (May 16), **https://www.bain.com/insights/beyond-the-downturn-recession-strategies-to-take-the-lead/**.
11. Sull, Donald, and Charles Sull, 2022, "Preparing Your Company for the Next Recession," *MIT Sloan Management Review*, (December 6), **https://sloanreview.mit.edu/article/preparing-your-company-for-the-next-recession/**.

第一篇

The New Automation
Mindset

数字化认知

01 | 第 1 章

The New Automation
Mindset

开启数字化

数字化原生的企业将在竞争中所向披靡，获得巨大的市场份额和可观的利润增长。

——莱斯利·约瑟夫（Leslie Joseph）

数字化这个词涵盖了很广的范围。对于一些人来说，它是用机器人取代人工工作的方式；对其他人来说，则引发了担忧。我们需要以新的方式来思考数字化，这样才不会错过它带来的好处。在未来，那些对数字化形成深刻认知的企业将在挑战面前蓬勃发展，而不是被打败。这种认知将促使它们思考如何进行数字化转型，并利用生成式 AI 取得成功。它们会观察大局，秉承接受挑战的精神，并采取包容企业内所有人才的方式。

在经济困难时期，这种想法或许听起来像是一厢情愿。但我认为，在背水一战的时刻，这种想法尤为必要，也就是说，在挑战和根本变革的时刻如何应对，将决定企业的未来。为了理解这一点，可以参考 Toast 的例子。

Toast 的首席信息官 Anisha Vaswani 回顾了 Toast 在遇到经营困境时迅速自救和救助客户的做法。她指出，公司迅速调整了产品。例如为餐厅客户推出了像 Toast Now 这样的产品，它为餐厅创建了一个数字化乃至仅限电子业务的存在。Anisha 表示："我们的使命一直是服务于对酒店业和餐饮业充满热情而开设餐厅的人们，我们想确保帮助他们度过危机，并且能在危机后蓬勃发展。"

Toast 还发起了一场名为"餐厅集结号"的社群运动，通过购买礼品卡和外卖来支持自己喜爱的餐厅，以便餐厅能继续维持日常运营和支付员工工资。此外，该企业支持游说活动以通过 Toast 基金帮助顾客获得贷款，并推出了许多新产品和新功能，帮助其客户迅速应对每一个新挑战。

Toast 在最艰难时期付出了不懈努力并于 2021 年年底成功上市，公开募股（IPO）。如今，Toast 在餐饮行业中被视为英雄。像卡灵顿先生（Mr. Carrington）这样的餐饮从业者用他们自己的话说，如果没有 Toast 的转型成功的榜样力量，他们也许无法维持自身的业务运营。

阅读心得

1.1 超越适应性

适应性是我们常用的一个词,但它不足以描述 Toast 的故事。Toast 从客户价值出发,在最艰难的事情上通过转型使自己变得更加强大。当其他企业还在努力追求生存时,Toast 迅速适应并专注于在关键时刻为客户提供新的服务。

像 Toast 这样的企业所做的不仅仅是适应变化。这是一种因系统性冲击而变得更强大的情形,我们可称其为涅槃。纳西姆·塔勒布注意到了这一现象,并创造了"反脆弱性"一词来描述这一现象。他指出,反脆弱性系统在自然界中无处不在,这些系统奇怪地需要它们自己的组件必须易于破坏,只有这样,它们才能重塑自己,变得更强大。

Toast 是一个极佳的反脆弱企业例子。

- 敢于推翻重建的意愿。Toast 不害怕进一步打破现有事物,而是着眼于更好地重塑自己。例如,Toast 的核心竞争力是线下销售触点,然而它们推进线上新技术和新领域的举措为其业务和那些处境艰难的企业打开了通向涅槃的大门。
- 变革文化。Toast 创造了一个拥抱变化的文化。塔勒布指出,当系统或社会的随机性和变化消失时,它们会变得更加脆弱。这是防守和进攻之间的基本区别。防守试图保持稳定,而进攻则持乐观和建设性的观点,致力于创造更好的未来。
- 共同进退。Toast 做的第三件事是让整个团队——从产品团队到业务团队再到 IT 团队共同进退,协同作战。正如塔勒布所言,每个人都参与其中的去中心体制比那些脆弱的、靠命令与控制的中心体制更加强大。

Toast 运用系统思维,精益认知,拥抱变革,并让团队协同工作。这三个基本构件是每个企业必须做到的事情。

反脆弱是一个较为难以理解的概念。如果一个企业经受了经济挑战、系统冲击,甚至经历了"黑天鹅"事件(black swan events)后变得更强大,

阅读心得

那么它就是反脆弱企业。

1.2　全新的数字化思维

诸如 Toast，甚至是 Caterpillar（卡特彼勒）和 Ikea（宜家）这样的标志性主流企业也已经以一种新的方式思考自己的转型。数字化和人工智能是这种新认知方式的核心，因此我们将其称为数字化认知。

当我们审视这些企业时，会发现它们的转型并非来自优化现有的运营，要变得反脆弱，需要利用人工智能和数字化来扩大可能性。数字化和优化现有的运营可以降低成本、提高利润率，但并不会改变市场地位。业务转型需要有大局观和长远发展的认知，这就是我们所说的流程思维（Process Mindset）。具有流程思维的企业不仅仅关注于数字化任务，还会从端到端审视流程，思考如何转变这些流程以满足当今及未来的需求。人工智能在这方面扮演着关键角色，从理解整个流程，识别流程中数字化的机会，到利用生成式 AI 构建数字化，再到通过数字化的投资回报率（ROI）这个指标来帮助理解它的价值。

要实现深层次的转型，只有全局认知或流程导向的认知是远远不够的。我们需要在系统和过程中聚焦业务价值，同时保持高度的适应性和敏捷性。我们还需要建立一个愿意接纳挑战和变化的团队认知。企业需要培养集体成长思维，具有成长思维的企业会采取敏捷的方式推进转型计划，持续地探索并根据宏观市场层面的动态以及企业内部的情况来调整。

仅有远大的愿景和团队变革的动力，不足以在我们需要的规模和速度上实现转型目标的。如果我们只依靠一小部分技术熟练的人来完成工作，我们又会陷入无法规模化的僵局。当今的业务转型是复杂的，它必须是快速且动态的。为了实现这种快速转型，从 IT 和技术专家到业务和运营专家的整个团队必须全力以赴，采用大数据、云计算、低代码、大模型等方法，并进行治理和管控，这样才能兼顾转型的规模化和高速度。

阅读心得

打造反脆弱能力，实现大规模转型，仅仅拥有全局认知、适应性或民主化是不够的，还需要拥抱全新的数字化思维，即数据驱动的流程思维、成长思维和规模思维，构建智能时代的数字化认知，也就是管理者的数字化认知，如图 1-1 所示。这三个理念，相辅相成，互连互通，相互加强。

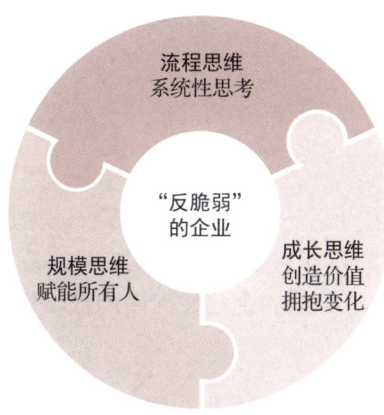

图 1-1　管理者的数字化认知

应用管理者的数字化认知需要新的架构和技术基础，并通过民主化以实现规模化和安全性来做到这一点。后文将介绍管理者的数字化认知的这三个基本要素：协调、敏捷性和民主化。

1.3　释放数字化认知

当管理者的数字化认知被采纳时，会发生一些新的变化。让我们看看在一家企业中的实际情况。

企业中参与数字化的人数随时间逐渐增加，数字化最初是从 IT（信息技术）、运维（Ops）和 HR（人力资源）等部门开始，目前正在扩展到财务、市场营销和客户支持等部门。随着越来越多的人参与进来，更多的系统被连接起来，越来越多的数据被拉通共享，人工智能技术被更多地用来生成、学习并利用这些全面连接的系统，端到端的流程数量呈指数级增长。

基于管理者的数字化认知模式，企业可充分利用自身的技术能力、数据能力和人力资源能力重构迅速适应变化的业务，从而实现高质量增长。

1.4 知行合一

我们都希望我们的企业具备这一神奇特质——在变化中茁壮成长，在挑战中变得更加强大。

在过去三十年里，我见证了一些领先企业成长成为反脆弱企业并取得突破，它们在策略、认知和实践上有着共同之处。在 Tibco、Oracle 以及 Workato，我看到了势不可当的企业如何使用数字化构建和发展自身业务的新模式。

数字化不仅仅是通过数字化手工作业来节省成本或者优化流程。反脆弱企业利用新技术构建以精益为核心的管理者的数字化认知，创造价值，消除浪费，持续迭代，快速增长。本书将展示这些企业通过构建管理者的数字化认知，成为行业领先企业的案例。

现代企业成长的速度、规模、复杂性以及动态性使得管理者的数字化认知比以往任何时候都更加重要。生成式 AI 技术使得企业能够利用大量数据，为不同规模的企业创造一个平等的竞争环境，这样的话，企业就不需要拥有像 FedEx、亚马逊（Amazon）或纳斯达克（Nasdaq）那样的巨无霸企业的庞大资源，也能大规模地应用这种管理者的数字化认知。我相信，无论是初创的微型杂货递送企业，还是连锁汽车经销商，任何企业都可以应用管理者的数字化认知，从而变得更加坚不可摧。

参考资料

1. Muchnick, Jeanne, 2022, "How a New Rochelle Ramen Restaurant Stayed

in Business During the Pandemic," *LOHUD*, (October 22), **https://www.lohud.com/story/life/food/restaurants/2020/10/20/roc-n-ramen-expands-new-york/5967309002/**.
2. Leenas, Maggie, 2022, "Retired NYPD Officer Brings His Own Take on Ramen to New Jersey," *New Jersey Monthly* (January 10), **https://njmonthly.com/articles/eat-drink/table-hopping/retired-nypd-officer-brings-his-own-take-on-ramen-to-new-jersey/**.
3. National Restaurant Association, n.d., "Reopening and Recovery," last accessed December 31, 2022, **https://restaurant.org/education-and-resources/learning-center/business-operations/coronavirus-information-and-resources/reopening-and-recovery/**.
4. Toast, Inc., 2021, "How Roc 'N' Ramen Increased Average Check Size by 15% with Toast Order and Pay," YouTube Video, (Uploaded March 18), **https://youtu.be/V31pdiCHTeo**.
5. Nassim Taleb, 2014, *Antifragile: Things That Gain from Disorder*, New York: Random House.

第 2 章

The New Automation
Mindset

流程思维

如果只专注于最微小的细节，则永远无法把控全局。

——勒罗伊·胡德（Leroy Hood）

企业由业务流程组成，流程由应用程序完成的任务组成，要想了解任务如何融入企业全局流程，就需要运用系统性认知。

彼得·圣吉（Peter Senge）在《第五项修炼》中这样描述系统性认知：企业被看不见的相互关联行动的绳索所束缚，这些行动通常需要数年时间才能完全展现它们对彼此的影响。由于我们自己就是那个网状工作的一部分，要看清楚整个变化的模式就更加困难了。相反，我们倾向于关注系统中孤立的部分，与此同时，我们又想知道为什么最本质的问题似乎永远无法得到解决。

如果有一句话可以描述过去 15 年的技术，那可能就是有问题就开发应用，有应用就有办法！这句话反映了以任务为中心的技术思维的盛行。在美国，各公司已经为各种任务安装了大量软件，但平均生产率每年仅增长 1%。

对比来看，在 1996—2004 年间，生产力平均每年增长超过 3%，而在 20 世纪 50 年代和 20 世纪 60 年代的战后经济繁荣期，生产力每年增长 3.8%。

最近的一项研究揭示了许多人直觉上已经知道的事情，更多的应用程序会导致更多的烦琐工作，营销团队的应用程序数量的增加直接导致了大量手工操作任务的增加。

研究人员将这一现象归咎于应用切换，这是一个用来描述当我们从一个任务（或应用程序）切换到另一个任务时，我们的大脑所承受的成本的术语，这导致了时间的损失和效率的下降。

因为我们的团队需要在应用程序之间来回切换，不断打断原本一体化的业务流程和思考的过程。康奈尔大学的一项研究发现，平均而言，跨应用程序导航的成本使得员工每次切换时要从生产性工作中抽离出来九分半钟。近一半的参与者还承认，整个工作日中更换应用程序让他们感到疲劳不堪。

我们似乎陷入了一个两败俱伤、不断拉扯纠结的境地。数字化转型越来越

阅读心得

重要,各种应用程序不断上线,但是同时,我们发现生产效率没有达到预期的跨越提高,员工们感到疲惫和筋疲力尽。为了根本解决这个问题,企业需要构建系统化认知,实现流程与数据的融合。

2.1 任务思维与流程思维

盲人摸象的故事是任务思维的典型例子:一群盲人第一次遇到大象,并试图仅凭触摸来描述这种动物。问题在于每个人触摸的是大象的不同部位。摸到腿的人坚称它是一棵树,而摸到鼻子的人确信它是一条蛇。虽然每个人都认为自己是对的,但他们都得出了错误的结论。每个人有限的视角使他们错失了全局观,如图2-1所示。

图 2-1 盲人摸象的启示

阅读心得

大多数企业的现状类似于这个寓言故事。例如，我们的每个部门可能只能从某种角度看待客户，缺乏全局的视角。一位代理商可能知道客户由于目前遇到的问题非常不满，但销售团队成员可能完全不知道这些问题的存在，因此不合时宜地向客户推荐而导致客户体验降低。

在工业革命期间，大多数工作由重复的手工任务组成，这种背景下，以任务为中心的认知模式是有意义的。

但随着时代的发展，尽管工作变得越来越复杂，但是这种以任务为中心的认知模式仍然根深蒂固。例如有的企业数字化被视为 CFO（首席财务官）的项目，目标是能够逐个降低每个部门的成本。

在讨论生成式 AI 的使用案例中，我们可以看到一种任务思维方式的运作模式，这种情况下，大多数人并没有考虑如何将它融入全局流程中，这样一来，大模型技术就失去了它最大的价值。

虽然首席财务官（CFO）试图借助数字化转型降低人员成本，但是与此同时，他们也在增加数字化方面的投资预算，所以企业的应用程序正在迅速增长，数字化工具的数量和多样性也在增加。每增加一个新的数字化和集成工具都是为了减少碎片化，然而，这种补丁打补丁的方法现在已经成为新的碎片化层。我们不是在打破壁垒，而是在创造新的壁垒，就好像盲人摸象一样。

让我们来看一个真实的例子。某企业利用数字化工具的合同签署流程如图 2-2 所示。

如今大多数数字化工具都是这样的，一个机器人（Bot）从已签名的合同中提取细节并将其输入到企业资源规划（ERP）系统中。有人曾经每天花费几小时从 PDF 文件中复制粘贴数据，现在有了这个新的机器人，他们就可以将能量集中在其他事情上。首席财务官（CFO）很高兴，那么有什么不好的呢？

将提升效率设置为目标无可厚非，但是这种完成任务的心态往往容易让我们陷入具体的问题，而忽视全局视角。当我们拉远视角，理解围绕报价至收款（Quote-to-Cash）过程的更大蓝图时，就会发现目标是减少执行订单的时间、缩短收款时间、提高订单自动化处理的比例，并减少错误率。

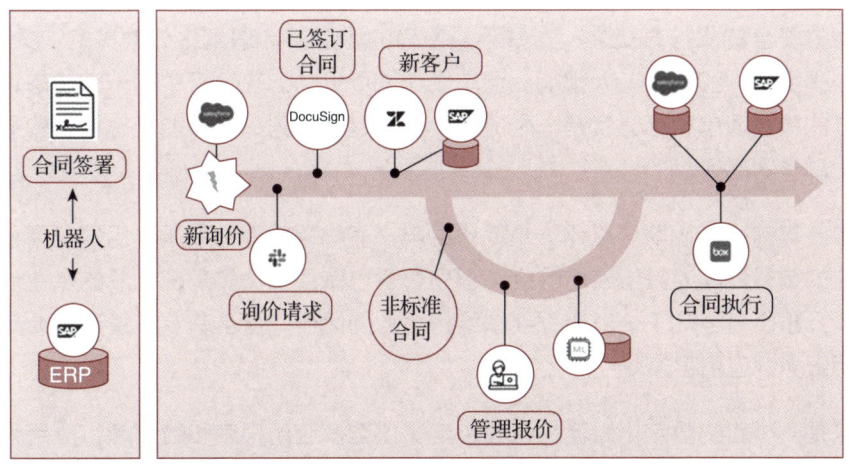

图 2-2　某企业利用数字化工具的合同签署流程

如图 2-2 右边所示，整个工作流程都是数字化的，包括一些非标准订单，它们会被通过智能路由规则分发给业务专家，进行手动处理。

要构建这样的全局优化的智能流程，需要从更广阔的视角考虑，使用技术优化真正重要的节点。减少手工复制 / 粘贴的自动化当然也有价值，但是当我们看到智能技术对顾客体验和企业运营层面的整体提升时，才能看到人工智能在业务增长中的核心价值。

2.2　流程清单

现实中，流程是描述员工之间如何协作的一个个业务检查点的列表，为了更好地理解流程对于推动业务高效集成的价值，让我们更仔细地探究检查点列表的概念，它是企业流程在现实世界中的承载体。

核心理念就是在高风险和复杂情境下，通过建立标准化的检查清单来降低风险。当风险很高时，我们希望专家们能做出更加理性的决策，类似于飞行和飞机维护。随着时间的推移，现在所有的飞行员都遵循通用的检查清单，而这些清单在各种突发情况、事故中不断更新迭代——这使得飞行成为最安全的旅行方式之一。并不是所有的企业都会遇到生死攸关的决策，但事实上，我们所有人都能从清单工作法中受益。在业务中，一个常态运作的检查清单实际上就是一个流程，也就是一系列每次都能正确执行的最优动作的序列。

二十年前，IT 团队可以用一个简单的电子表格来管理他们所使用的应用程序的数量，因为其所使用的应用程序最多也就几十个。现在一般的企业使用几百个甚至几千个应用程序来维持企业的运作，甚至有专门管理企业应用服务的应用程序。

这是一个新的数字化时代。企业出现了这么多应用程序和数据源，应用和数据已经成为业务的存在形式，仅仅关注单一技术和任务会忽视更全面的问题和更重要的价值。为了实现全局优化，需要从端到端的业务流程的层面进行思考，而不是某一个应用程序的层面。在今天，那些优化所有业务流程而不是单一流程任务的企业将会胜出。

2.3 从零散的孤岛到整体系统

2021 年 3 月，发生了一起集装箱船"长赐号"（Ever Given）事件。长赐号被迫滞留在苏伊士运河六天，这六天似乎让世界都停止了转动。因为大约 90% 的消费品都是通过海运运输的，一艘船被迫滞留六天看起来不是很长时间，但是却会拖延价值 10 亿美元的货物的流转。

供应链是高成本、复杂、系统化的端到端过程，必须协调一致才能成功。像长赐号事件这样影响范围如此之大，堪称灾难的并不常见，但丢失集装箱、临时关闭港口等这样的小灾难几乎每天都在发生，而无论发生什么情况，物流企业都需要将货物送达目的地。

阅读心得

牵一发而动全身，随着货物运输路线的变化，每家企业需要与之互动的接口也会变化。例如，集装箱可能从一艘船转移到另一艘船，突然间，物流企业需要与另一家航运企业互动。大型的航运企业可能是拥有先进系统的全球性企业，新的船运企业可能是一个仍依赖于古老的电子邮件甚至基于纸质的流程的小作坊。物流企业永远不知道它们将不得不与谁集成，并需要为所有情况做好准备，以保持供应链的畅通。

德国最大的物流铁路企业找到了一种在动态的情况下智能调度的方法。对它来说，业务流程中的单一任务的成功几乎没有价值，因为它与数百家伙伴合作，每家的互动方式完全不同，一种与某合作伙伴集成的方式不一定适用于其他合作伙伴。此外，在如此动态、不断变化的环境中，一个节点一个节点地打通绝不是一个明智的策略。所以寻找数字化转型方法时，它的目标是找到专注于支持所有流程并能够让它迅速与其他企业进行灵活敏捷互动的技术平台。

例如，许多运输合作伙伴正逐步引入集装箱的 GPS 定位技术。不同的合作伙伴会采用各自不同的技术路径。对于那些已经配备了电力供应的冷藏集装箱来说，可以选择使用 GPS 或者 Bluetooth（蓝牙）技术，而对于那些没有内置电源的集装箱，则采用 RFID（射频识别）标签进行追踪。每家运输合作伙伴都会根据所选的追踪技术开发相应的软件系统。铁路企业必须快速适应这些不同的技术选择，为每种情况提供解决方案。这样的情况不仅仅发生在铁路企业与运输合作伙伴之间，还涉及其与客户、供应商、运输企业、卡车司机乃至制造商的每一次交互。

在所有这些复杂情况之下，企业必须提供一个软件平台给客户，以便于追踪和管理运力。如果某个原材料供应商想要预约横跨全国的运输服务，铁路企业则需要通过简单易用的预约系统来满足这个需求，但是这样一个系统背后的业务逻辑是非常复杂的。

我们必须清楚地认识到，数字化转型绝不仅仅是一个最终目标或某个静态状态，铁路企业的 IT 部门负责人表示，这是一个持续转变的过程，这样的

阅读心得

思路让他们能够紧跟供应链的快速变动。这项工作至关重要。供应链的智能化不仅能为物流企业带来价值，更对依赖供应链生活的千百万个用户的方方面面产生广泛而深远的影响。

2.4 从局部最优到全局最优

我们现在生活在一个 App 无处不在的世界中，越来越多的专业化和专用工具层出不穷，但这同时也意味着企业的业务被切割成了许多小部分。为了重新将它们拼接起来，企业必须从局部最优走向全局最优。

这些工具都能很好地提供特定的独立功能。集成平台（iPaaS）能实现应用程序之间数据的同步——提取、转换、加载（ETL），企业数据中台通过 ETL（提取、转换、加载）/ELT（提取、加载、转换）能将应用程序中的数据批量加载到例如 Snowflake 这样的数据中台中，机器人流程自动化能自动完成呼叫中心工作或发票处理工作，API 管理能支持移动或自定义应用程序，业务流程管理能数字化员工入职流程，而聊天机器人（Chatbots）则使得像飞书和钉钉这样的产品能提供统一的用户体验。企业数字化工具全景实例如图 2-3 所示。

图 2-3 看起来整齐有序，但当这些系统真正落地实施的时候，情况远比看上去复杂得多。图 2-3 下面的图形是真实企业部署集成技术的简化展示。这些工具每一个都是为了满足特定项目的需求而集成的应用程序或数据，当时看起来都非常合理。然而，遗憾的是，从专业角度来说，这种架构实际上是一片混乱。

过多的工具只是为了解决某个特定项目的问题。这些工具各自为政，彼此之间毫无连接，它们变成了数字化的孤岛。这不仅没有使企业实现更加紧密的联系，反而产生了新的信息壁垒。随着新一代生成式 AI 技术的加入，可能会出现更多新的信息壁垒。

企业信息化系统的复杂性越来越高，我们甚至很难知道核心运营流程的情况，比如订单状态的具体情况、所要调查的是哪个工具或哪个应用程序。在这样的环境中，即使是最有经验的技术领导者也会因为这样的问题感到焦虑。

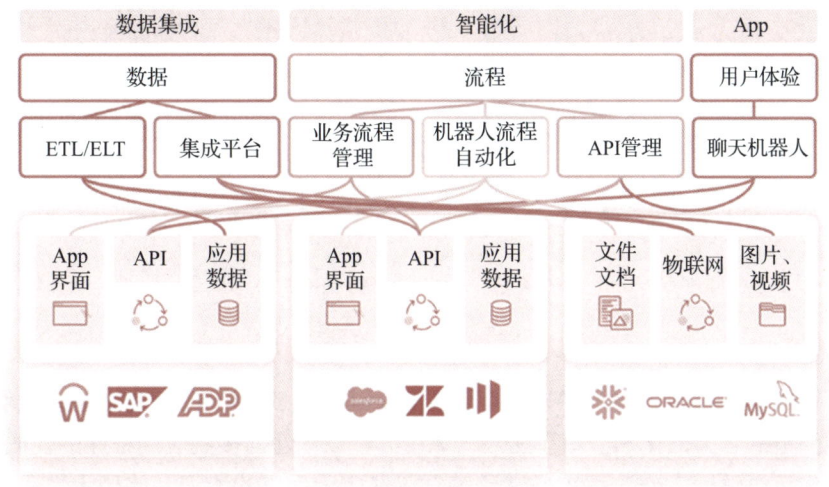

图 2-3　企业数字化工具全景实例

企业要想完成全局业务的转型和升级，就需要一个有凝聚力的数据、工作流程和用户体验融为一体的顶层设计，如图 2-4 所示。

尽管很多企业在平台、应用程序及相关专家上的投资巨大，但是生产力却没有得到提升，与此同时，员工变得更加疲惫，业绩也未能达标，这是很多企业数字化转型的现状。

数字化和人工智能不仅仅可以节省几个小时时间，而且可以让我们重新聚焦于企业全局，实现全局优化。

- 数字化的真正价值在于连接我们所有的应用程序，整合我们现有的资产。为了解决我们流程中不断增长的碎片化问题，我们需要一种能够提供全面跨职能的视角来查看支持我们组织的不同流程的工具。

阅读心得

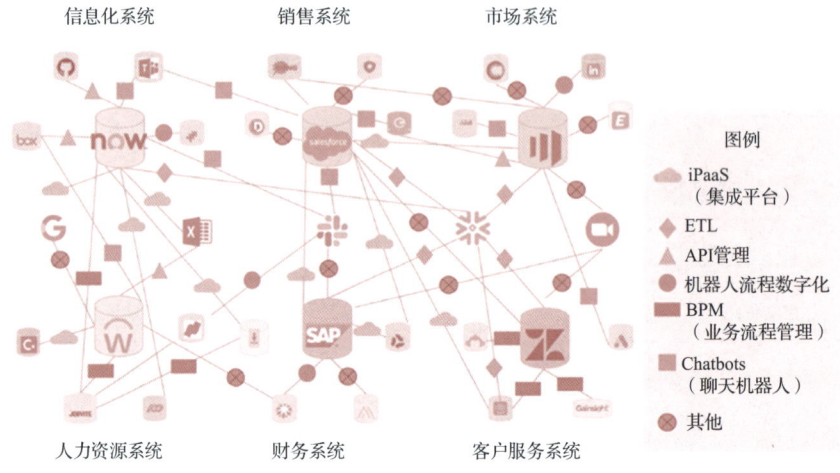

图 2-4 企业数字化顶层设计现状

- 通过使用生成式 AI，AI 的真正价值得以显著放大，它成为加速这一价值链的强大催化剂。有了生成式 AI，你可以构建连接到应用程序的代码，你可以设计工作流程来数字化跨越这些应用程序的流程，使用大型语言模型（大模型）来理解和智能利用数据以加速洞察和决策制定，并使用类似于 ChatGPT 的接口让企业中的每个人都能得到他们问题的答案——不再需要等待求助平台或其他人的帮助。

市场正在迅速变化，永远不变的就是变化，每个企业都面临不确定性，所以仅仅从系统层面集成是远远不够的。我们需要建立高响应力、适应性和可塑性，从而在快速变化中发现新的机会。在第 3 章中，我们将探讨具有成长思维模式的企业如何应对这一挑战。

在本书的后续部分，我们将讨论数字化和人工智能技术赋能企业发展的五个关键领域，核心是通过新的数字化方法论，让局部割裂的数字化孤岛形成智能的全局优化蓝图。

- 前台业务。每个企业直接面向客户产生收入的部分，主要的前台业务包括潜在客户管理、销售运营和交易平台。

阅读心得

- 后台运营。指维持企业正常运行的各项业务，包括财务和信息技术。重要的后台运营流程包括应付账款（Accounts Payable）、工资处理（Payroll Processing）和安全编排（Security Orchestration）。
- 客户数字化体验。为客户提供服务体验的部分，主要的客户数字化体验流程包括客户全景（Customer 360）、报告制作（Reporting）和以产品为核心的增长（Product-Led Growth）。
- 员工数字化体验。如何设计和塑造员工的参与度和体验，提升员工的生产力。主要的员工数字化体验流程包括从招聘到退休（Hire-to-Retire）、员工入职（Employee Onboarding）和反馈捕捉（Feedback Capture）。
- 供应商和合作伙伴生态。企业如何与对其业务至关重要的供应商和合作伙伴合作，主要的供应链流程包括从订单到付款（Order-to-Cash）和从采购到支付（Procure-to-Pay）。

参考资料

1. Senge, Peter M., 1990, *The Fifth Discipline*, New York: Penguin Random House.
2. Lohr, Steve, 2022, "Why Isn't New Technology Making Us More Productive?" *New York Times*, (May 24).
3. Brinker, Scott, 2021, "Wait, More Martech Tools Create More Manual Tasks?!" *ChiefMartec*, https://chiefmartec.com/2021/04/martech-tools-manual-tasks/.
4. Newport, Cal, 2016, *Deep Work*, New York: Grand Central Publishing.
5. Gawande, Atul, *Checklist Manifesto*, New York: Metropolitan Books.
6. Gawande, Atul, 2007, "The Checklist," *New Yorker*, (December 10).
7. "Is Air Travel Safer Than Car Travel?" *USA Today*, Accessed September 22, 2022 https://traveltips.usatoday.com/air-travel-safer-car-travel-1581.html.
8. OECD, n.d., "Ocean Shipping and Shipbuilding," last accessed September 22, https://www.oecd.org/ocean/topics/ocean-shipping/.
9. Clark, Aaron, 2021, "Suez Snarl Seen Halting $9.6 Billion a Day of Ship Traffic," *Bloomberg*, (March 24).

阅读心得

03 | 第 3 章

The New Automation
Mindset
....
成长思维

成长性组织需要建立一种价值观和导向，使组织成员清晰地知道可以通过努力、良好的策略和良好的指导而获得成长和提升。

——卡罗尔·德韦克（Carol Dweck）

在任何时刻，客户需求、市场动态以及其他因素都可能发生变化，我们别无选择，只能拥抱变化。像 ChatGPT 这样的颠覆性人工智能技术可能随时出现，当这种情况发生时，固定或僵化的业务流程成了一种负担。不过，一些头部企业已经将变化作为流程的一部分，并因此领先于其他企业。在不久的将来，每个企业都将不得不为变化建立流程。

那些勇敢拥抱变化的人拥有心理学家卡罗尔·德韦克所说的成长思维。德韦克认为，组织更加需要成长思维。它们不仅仅是适应挑战，它们还热切并乐意地欢迎挑战。

3.1 持久与变革

在过去的 30 年，视频内容经历了多种形态的变化，许多企业因这种不断的演变而获利，而其他企业则因此而灾难性地失败。

并非所有行业都会经历这样的起伏波动，但每个行业的变化速度都在加快。新技术是一切的导火索，它渗透到业务的每一个角落，这种持续的变化既可以是机遇，也可以是破坏性的力量。成败的关键直接取决于一个组织是否拥有成长思维。

百胜中国的首席执行官乔伊·沃特（Joey Wat）将其描述为持续创新，即在动态、竞争激烈的市场中生存和繁荣的企业不一定是最强或最聪明的，而是那些能够迅速响应并有效适应环境变化的企业。这需要对我们服务的对象有同理心，具备韧性和创造力。

沃特解释说，在变化的环境下，企业成功的因素有很多，但是，敏捷性和持续创新的驱动力则排在首位。在舒适时期，许多企业由于缺乏紧迫感而

阅读心得

止步不前，正如克莱顿·克里斯滕森（Clayton Christensen）教授所演示的那样，这样会让它们面临被颠覆的风险。在危机时期，创新更为重要，那些迅速采用新的健康和安全措施来保护员工、保持餐厅营业，并设计出像无接触订餐和取餐这样的新解决方案的企业，是最终走出困境、变得更加强大的企业。

成长思维方式并不只是关于我们应对市场低迷或全球供应链问题的大变革，它也适用于应对企业的日常挑战。我们可能会遇到新竞争对手进入市场、顾客不满、员工士气问题，或者重要项目延期的情况。我们的企业需要能够同样有效地应对日常挑战和威胁企业的危机。

对于大多数普通企业的人来说，成长思维基于思考方式的重大转变。在业务世界中，这不完全是新概念。实际上，大部分 IT 团队和开发者在过去 10 年中，可能无意间已经接触了成长思维，例如，敏捷方法论（Agile Methodology）的原动力就是成长思维。

3.2 敏捷的价值

在软件研发历史上，团队依靠更为严格的瀑布式管理方法来构建解决方案和交付大规模项目。这些传统方法包括前期规划、调研分析等按部就班的步骤与专业领域内的专家分工顺序协作，在最后环节交付产品或项目。

敏捷（Agile）的核心是对预期的管理和接纳变化，它将任务分成多个称为冲刺（Sprint）的短阶段工作。Scrum 是一种常见的敏捷交付方式，每个冲刺开始都会有一个规划会议。在规划会议期间，团队成员决定他们在该冲刺期间工作的内容，并在冲刺结束时向团队其他成员展示各自的进展。这一简单过程使团队能够不断评估过去所创造的内容并从中学习，再决定下一步最好的做法。在每一步，敏捷团队都测试他们的进展，并确定最初的路径是否仍然是最好的选择。通过这种方式，敏捷帮助企业快速适应环境变化的同时促进创新。通过频繁对齐，检查我们是否沿着正确的轨道前进,逐渐最小化风险。我们可以连续检查周围环境是否发生了变化,从而判定是否需要改变方法。传统模式与敏捷的区别如图 3-1 所示。

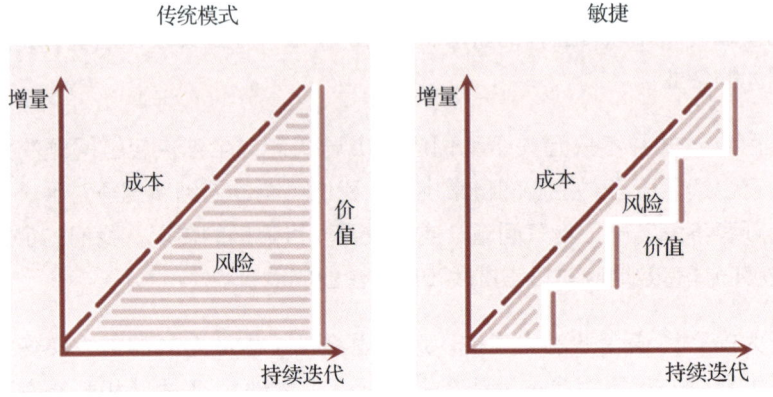

图 3-1　传统模式与敏捷

敏捷虽然在一些企业中取得了进展,但许多业务项目仍然采用瀑布式(Waterfall-Style)进行。过去那些耗时耗力的企业资源规划(ERP)实施就是一个很好的例子,它考验着每个人的耐心。即便是今天,主要的 IT、人力资源(HR)或财务项目也可能持续六个月到数年,让人感觉企业进展缓慢。

或许造成这种长时间交付的一个原因是流程仍然是按顺序管理的。

- 业务用户的需求。
- 他们将需求交给了 IT 部门。
- 技术团队开发出解决方案后,会交回业务部门进行审查。

从构思想法到实施解决方案,可能需要数月甚至数年的时间。如果实现想法需要数月或数年,这意味着每一个决策都在巨大的延迟中进行。这就像试图控制一辆刹车踏板有 30 秒延迟的汽车——踩刹车,冲过红灯,最终因为响应时间太慢而落入沟中。对于如今这样无情的市场来说,这种工作方式是行不通的。

阅读心得

无论我们是想称之为成长思维（Growth Mindset）还是敏捷，证据明确显示：旧的做事方式并不是通往高绩效企业的路径，只有拥抱变化，持续学习和创新才是未来之道。

3.3 标准化与适应性

我们的许多当前流程管理思维方式是从只有人或物在物理世界中移动继承而来的。我们设计流程是为了优化那些移动的部分。随着旧流程进入数字化时代，我们发现它们并不具有适应性，而在人工智能的新世界里，这种情况将继续恶化。

由于实施或改变系统流程的成本很高，所以它们并不如想象的灵活。实际上，一个流程的刚性被视为优点，而不是缺陷。我们说：这就是流程。遵循流程，不要偏离流程。我们消除了差异，实现了标准化，但是，标准化和适应性是两回事。

通过使用固定的、可重复的流程来消除差异，我们获得了一定的可预测性。这就像一个确定性函数，比如 $y = x + 1$。每次你将 $x = 2$ 作为输入放到那个过程中，你就会在另一端得到 $y = 3$ 作为输出。但这对外部的可预测性没有任何帮助，我们正处于一个快速且持续变化的环境中。技术、市场动态，最重要的是，客户行为和期望不断地在发生变化。

这些不确定性是威胁还是机遇，在很大程度上取决于适应性。我们能多快地使我们的业务适应新的环境？

适应性的业务意味着我们的流程需要动态调整，不能用我们旧的流程 $y = x + 1$ 接收 $x = 2$，然后突然产出 $y = 5$，那将是一片混乱！相反，我们需要用不同的流程替换 $y = x + 1$。可能是略微修改过的流程 $y = x + 3$，或者可能是一个完全新的流程，增加了额外的步骤和变量 $y = 2x^2 + 5z + 7$。

我们仍然希望这个新流程像旧流程一样可被预测。但关键是，它是一个能适应新情况的新流程。

还有一件美妙的事情：因为我们今天的几乎所有流程都是，或者可以是数字化的或通过数字方式构建的，它们极其易于改造。流经它们的是比特（Bit），而不是原子（Atom）。

3.4　过度搭建秋千架

我们常说，当有人永久性地对某个流程进行数字化时，就像他们动用了建造摩天大楼的工程队来搭建秋千架一样（见图3-2）。这是项目管理中的著名比喻，也是我们嘲笑许多企业流程僵化的方式。

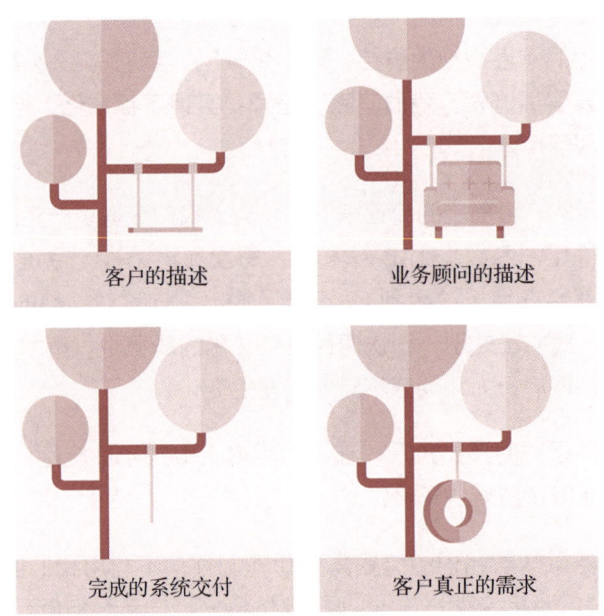

图 3-2　过度搭建秋千架

通常，数字化仅由 IT 部门负责。这是一种围绕服务队列构建的中心化运营模式，请求在队列中等待，直到有人有时间来处理它们。这种模式涉及计

阅读心得

算机科学专业的专家使用复杂而强大的技术来数字化每个过程。

这个模式假设以下几点。

- 流程数字化的技术能力是固定的、有限的，并且是宝贵的资源。
- 数字化这一宝贵资源不应该浪费在维护或支持过去的项目上。
- 企业应该精心管理数字化这一宝贵资源，使其专注于最关键的流程。

不难看出，这种模式往往会造成这种情况：IT 团队需要一次性完成好任务，数字化专家也需要马不停蹄地继续前进到下一个步骤或项目。这种固定认知将 IT 团队视为稀缺资源，从而创造了组织瓶颈。

在当前快速变化的世界中，这种固定认知不再有效（如果它曾经有效过的话）。实际上，想要成功的企业必须抛弃这种认知，才能使团队和流程做好在新的且不断变化的世界中蓬勃发展的准备。

温迪·菲弗（Wendy Pfeiffer）（曾任职于包括 Nutanix 和 GoPro 在内的多家企业）作为首席信息官（CIO），她向我们展示了如何实现流程的改进。温迪实行了一个三个月为周期的流程改造计划，这个计划适用于信息技术部门处理的各类事务。每个季度的第一个月评估以下流程：搜集各类信息，思考哪些方面可以进行改进，以及寻找改进的机会。第二个月，重点收集具体需求，包括确定哪些审批环节最关键、决定哪些环节可以简化或取消等。最后一个月，进入构建/重建阶段，此时会对流程进行拆解并以数字化为核心重新构建流程，随后进行实施和测试。如此循环往复，每一项流程都处于持续评估和变化之中。由于培养了持续改进的文化，团队会知道没有任何一个解决方案能够长久适用，从而专注于解决当前的需求，并随时准备迅速调整方向。

3.5　成长思维实践

我们常常从外部观察那些成功的企业，然后说：我们应该像它们一样！但这在实际中是什么样的呢？

阅读心得

这里，我们以从报价到收款的过程为例，其过程如图 3-3 所示。

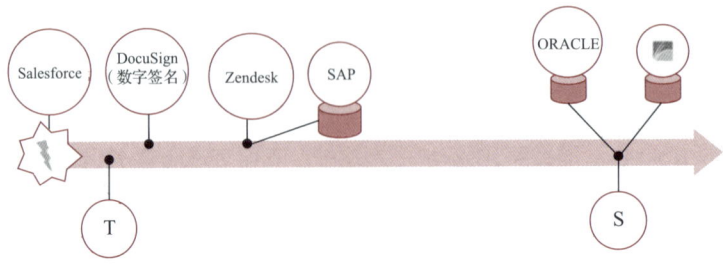

图 3-3　从报价到收款的过程

这个报价到收款的例子展示了一家企业如何应用流程思维实现全局优化的数字化场景。

- 当销售团队在 Salesforce 中创建新报价时，这个报价会立即触发 Slack（即时通信系统）的流程，以获得交易台的审批。
- 一旦审批完成且客户签署了合同，完成的 Docusign（电子签名）会在客户支持平台（本例中为 Zendesk）和 ERP 系统（此处为 SAP，系统应用与产品）中生成新的客户记录。
- 在整个过程中，文档被持续保存，同时数据也在不断更新，以确保一贯的协调和一致性。

随着企业的发展和市场的细分，会出现越来越多不符合常规的订单，这些订单不适合现有的处理流程。如果交易规模较大，则客户需要多次请求支持，ERP 系统记录也需要及时更新。因此，企业需要具有成长思维，流程是为变化服务的。在这个例子中，企业增加了一个人工干预的步骤，将非标准订单发送给该领域的专家。与此同时，还引入了一个 AI 引擎，这个 AI 引擎可以持续监控专家的行动，识别模式，并使用生成式 AI 生成适当的行动集。AI 介入的行动示例如图 3-4 所示。

随着市场的变化和发展，企业意识到大客户需要更为专业和定制的服务。例如为年消费超过 40 万美元的客户增加一系列增值步骤，包括自动预警、

阅读心得

自动赠送高端葡萄酒，以及在 Zendesk 中启用 VIP 字段等，AI 在数字化领域的优化点如图 3-5 所示。

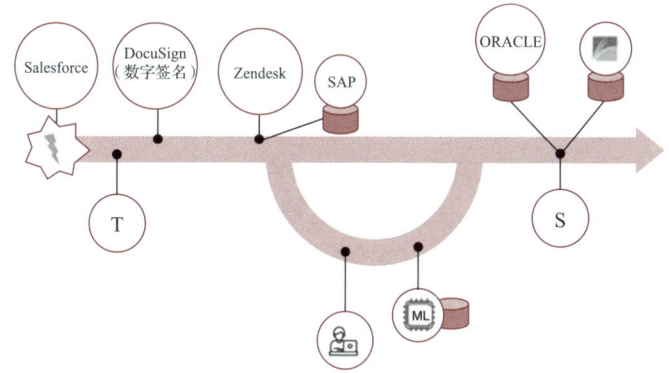

图 3-4　AI 介入的行动示例

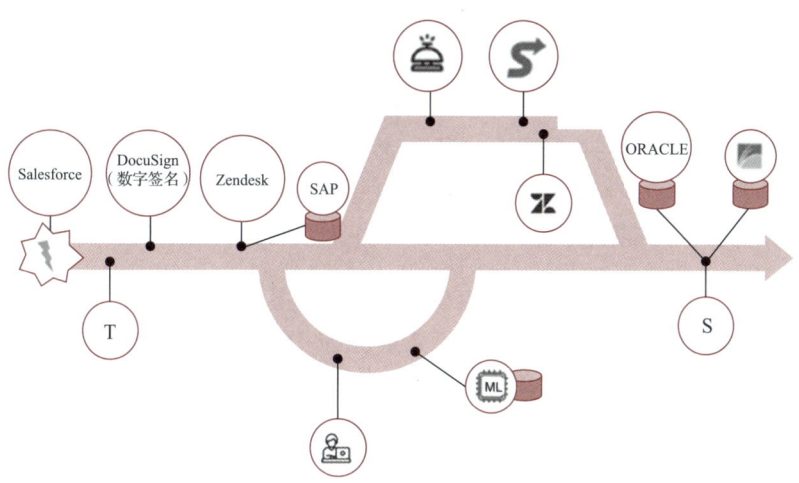

图 3-5　AI 在数字化领域的优化点

成长思维可使企业在外部变化的环境中也能保持高效运营，并注重以结果为导向，从而建立清晰的业务流程和敏捷的应对策略。

卡罗尔·德韦克提醒企业领导者要做出选择，要么追求所谓的天才文化

（Culture of Genius），依靠少数明星员工来完成重要的工作；要么落实流程和技术，使组织具备成长思维。

3.6 扩展视角

迄今为止，我们已经利用成长思维来理解我们企业应如何看待流程。为了理解我们企业如何在更大规模上做到这一点，可以将视角扩展至神经科学领域。在这个领域，最令人兴奋的发现之一是神经可塑性（Neuroplasticity）的概念。神经可塑性描述了大脑是如何不断通过连接新的流程、修剪不使用的路径以及随时间加强现有路径来重塑自身的。这一特性是成长思维的生物学基础。

对于企业领导者而言，都希望企业像人脑一样具有神经可塑性，那么企业就需要引入 AI 和数字化。AI 从大量数据中学习、采取行动然后不断监控以适应新事物，如之前在订单到现金示例中描述的，AI 是监控、可视化组织中所有流程发生情况、学习并在新模式出现时通知关键利益相关者过程的绝佳方式，甚至可以调整企业所有流程中的数字化。因此，企业内部必须广泛树立一种成长的心态。更重要的是，这种心态如果能从企业高层开始推广，实际上能够成为一种能力，帮助不同部门之间实现团结和协作。

在当今的许多企业中，仍普遍存在着"摇滚明星"心态，仅让高管或技术专家的少数人来引领变革，但是，如果企业想要在这个多变的世界中生存下去，企业的业务系统就需要像人脑一样具有神经可塑性。企业需要能够在神经元层面上建立响应力，而不仅仅是在高管层面上，就像大脑一样，不仅能够决策还能够自我更新。

参考资料

1. Dweck, Carol, 2007, *Mindset: The New Psychology of Success*, New York: Ballantine Books.

阅读心得

2. Wat, Joey, 2022, "The Ideas That Inspire Us," *Harvard Business Review*, (November), **https://hbr.org/2022/11/the-ideas-that-inspire-us**.
3. Shankman, Samantha, 2019, "2019: An Incredible Year at TripActions," *TripActions Blog*. (December 18), **https://web.archive.org/web/20220520071557/tripactions.com/blog/2019-an-incredible-year-at-tripactions**.
4. Yohn, Denise Lee, 2020, "How Airbnb Survived the Pandemic—And How You Can Too," *Forbes*, (November 10), **https://www.forbes.com/sites/deniselyohn/2020/11/10/how-airbnb-survived-the-pandemic--and-how-you-can-too/?sh=6612f96b9384**.
5. Manyika, James, 2021, "The 21st-century Corporation: A Conversation with Brian Chesky of Airbnb," *McKinsey & Company*, (July 23).
6. Dweck, Carol, 2007, *Mindset: The New Psychology of Success*, New York: Ballantine Books.
7. Jackson, Johanna, Enrique Jambrina, Jennifer Li, Hugh Marston, Fiona Menzies, Keith Phillips, and Gary Gilmour, 2019, "Targeting the Synapse in Alzheimer's Disease," *Frontiers in Neuroscience*, (July 23).

第 4 章

The New Automation
Mindset

规模思维

不能仅靠少数技术专家和数据科学家在局部的孤岛中实现数字化创新，需要让所有的员工都参与进来。

——萨提亚·纳德拉（Satya Nadella）和
马可·伊安西蒂（Marco Iansiti）

大多数人都能理解数字化的价值，并能意识到在企业的业务中有大量数字化的机会。那么，为什么不在业务的每一个角落都实施数字化呢？许多领导者会说这是不可能的。

假设一个中等规模的企业拥有 200 个应用程序（这是一个保守的估计），该企业有 1000 名员工，每名员工每天使用 3 个应用程序和 3 个流程。这意味着企业内部有成千上万的流程和子流程。顶级流程有名称和既定的检查清单，而大多数其他流程则没有。

在大多数企业中，没有名称的流程通常是手动操作的。这些流程通常只存在于团队成员的头脑中，且很少被数字化。这些流程可能包括：将数据录入到客户关系管理平台（CRM）中，按季度报告团队业绩，团队之间的项目合作，等等。

对于一个人手不足、工作量很大的普通 IT 团队来说，那些细枝末节的需求是不会被重视的。只有企业中最关键的流程才会被数字化，剩下的流程则没人管。按照传统的数字化方式来考虑，这是完全合理的。如果 IT 团队将一个流程进行数字化需要一个月时间，而有 1000 个流程需要数字化，那么完成所有流程的时间就超过了 83 年。所以说，需求的规模与可用的 IT 资源不匹配，传统的数字化方法存在规模问题。

4.1 影子 IT

80% 的业务人员在没有 IT 知识的情况下使用软件。他们了解业务，他们出发点是好的，并且他们采购的软件还能发挥作用。当笔记本计算机取代了台式计算机，办公室提供了有线互联网但没有 Wi-Fi，而提供移动办公

阅读心得

并不是 IT 的优先级时，员工通过携带个人 Wi-Fi 路由器解决这个问题。这些都是所谓的影子 IT（Shadow IT）的例子。

影子 IT 带来的一个负面问题是会给企业的数据安全带来巨大的隐患，比如使数据落入错误的人的手里。随着人工智能技术的成熟，在没有 IT 帮助的情况下实现数字化变得更加容易。例如，某人只需告诉一个生成式 AI 工具他想要什么，相应的应用程序和工具就被创建了。这有助于加速企业的转型速度，但也增加了敏感数据泄露的风险。

业务团队尝试在没有 IT 团队帮助的情况下通过影子 IT 实现数字化，但影子 IT 会对企业的业务构成威胁，从业务中断到糟糕的客户体验，再到安全和合规问题，暗藏的隐患是严重的。因为不受管控的数字化具有巨大的破坏潜力。例如，修正系统中的问题可能会引入大量技术债务（即为了快速解决问题而采用的非最佳实践），这不仅会增加 IT 团队已经过多的待处理工作量，还会使得 IT 部门与业务部门之间的关系更加紧张。

领导者要将影子 IT 视为一个需要解决的问题，但这也标志着我们的 IT 模式无法支持企业的需求。我们的业务团队正在尝试解决 IT 团队未将其列为优先事项的问题，因此他们寻找其他途径以探索答案。需要改变认知方式，从根本上解决问题。

4.2　转型不应仅限于 IT

过去，企业试图通过增加更多资源来扩大数字化转型的规模，例如向数字化团队增加新成员或者聘请外部顾问,比如每 100 名员工应有一名 IT 专家。但是，IT 专家的数量永远无法满足需求，庞大的流程数量意味着不能仅依靠少数 IT 专家来推动企业的数字化转型。

业务团队是企业数字化转型中未被挖掘的一座金矿。业务团队富有创造力，可对业务进行深度思考，并能及时发现和解决问题。业务团队不仅清晰地理解组织的愿景和使命，还对业务流程背后的数据、应用程序和业务逻辑

阅读心得

了如指掌。所以，如果业务团队没有被授权参与数字化转型，这是一个巨大的失误。

IT 团队独自推动企业数字化转型的时候，会导致影子 IT 的增长。随着生成式 AI 变得更加普及，业务团队自行进行企业数字化转型的趋势将进一步加速，但这将给企业数字化转型带来风险。

当前企业的数字化转型看起来像如图 4-1 所示的金字塔。图 4-1 中最上层是由 IT 团队的数字化能力保障的基础业务的正常运转，中间层的影子 IT 项目涉及了大量的业务流程，最下层的大量的潜在机会并未被识别。

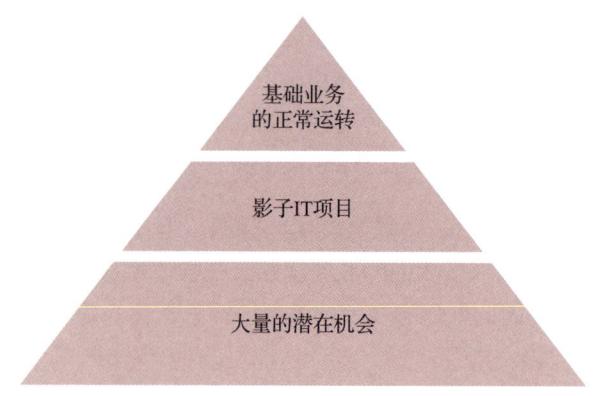

图 4-1　企业数字化转型的典型金字塔

因此，我们需要摒弃仅用技术型和非技术型来区分工作的这种过时的认知模型，建立数字化认知。通过代码、复杂的配置文件、命令行工具和 SQL 查询来管理的应用程序和信息系统已经成为常态，这些复杂的技术需要深厚的技术专长。与此同时，业务用户的技术素养和技术本身都在不断发展，技术也变得更加易于获取。在企业数字化转型进程中，打包的云服务、自助服务分析工具、低代码 / 无代码、生成式 AI 加速了企业软件的全民化进程。

IT 与非 IT 领域间的技术差距正在缩小，但 IT 与业务之间的不一致和不融合仍然是最大的问题。

当我们从不同的视角来看待技术领域时，我们可用的资源比想象的要多。但这并不意味着会计部门的史蒂夫明天就要开始编写 Python 代码，因为史蒂夫利用大模型技术可以更好更快地完成他的工作。今天，非技术人员可以利用新的技术来处理以前必须专业技术人员才可以从事的工作，而最大的问题是很多管理者的认知还停留在以前的时代。

当关键资源匮乏时，人们会将关键资源视为稀缺资源，也就是研究人员命名的隧道认知。解决资源的稀缺性成为关键问题，把手段当目的，会导致问题越来越恶化。在过去的二十年，大量的企业将 IT 资源视为稀缺资源。将技术视为稀有资源，只应用于最重要的流程，不想将其过度分散，害怕会产生浪费。

4.3 拥抱规模，赋能企业

与稀缺资源相对应的是丰富资源，在业务语境中，我们将丰富资源称为规模资源，这意味着拥抱一种新的运营模式，挖掘企业的潜力。

史蒂夫·乔布斯（Steve Jobs）曾经说过："员工不应该需要请求在管理层许可后才能去做某事。管理层要把权力授予那些正在一线做这项工作的人，激励他们主动创新和改进工作，教他们如何度量、理解并改善这些工作的流程。他们不应该在被许可的情况下才能改善流程，他们最有资格决定应该做些什么。"

在最近的一项调查中，Gartner 发现：67% 的 CEO 希望在任期内完成更多技术赋能业务的工作。他们带领团队并使团队成员具备改进工作的能力，让团队成员感受到归属感和自豪感并获得更高的工作满意度，这对于发挥团队成员的全部潜力至关重要。

一条湍急的河流想要沿着阻力最小、速度最快，也最高效的路径流动，但

阅读心得

大坝的存在阻碍了一切。企业的发展道路也是如此，需要移除"大坝"，并提供"防护栏"来引导"水流"向下游流动，企业就可以获得快速而强大的生产力。

一些 IT 团队和首席信息官（CIO）担心移除"大坝"就意味着失去控制，等同于拥抱混乱。像"民主化"和"全民开发者"这样的词语触发了他们的痛苦和恐惧。但健康的民主化和完全无政府状态之间有很大的差异。

拥抱规模认知并不会削弱 IT 团队的力量，反而提升了 IT 团队在组织中的地位。有人必须承担起对于质量、安全和合规的监督和指导的责任。业务团队需要通过培训、咨询、指导、支持服务，以及合适的技术组合来得到授权，以承担质量、安全和合规的监督和指导的责任。IT 团队非常适合承担这个责任。重新思考技术专长并不是为了取代它们，而是为了将它们提升为企业潜力的管理者。例如，与其采取创造大坝并阻止使用人工智能和数字化技术的办法，不如提供防护栏和监督，使整个组织能够使用这些技术，从而以此释放整个组织的潜力。中央 IT 部门变得不再是业务团队的数字化工厂，而是更多地成为旨在授权他们的服务提供者或是旨在增强业务团队能力的服务提供商。

许多企业已经开始拥抱规模认知，这不仅可以扩大企业的技术能力，还可以使企业更加聚焦关键业务。许多企业已经取得了惊人的成果。

4.4 民主化革命：数字化团队

一家大型且成功的 SaaS（软件即服务）营销企业最近经历了一场典型的 IT 部门和业务部门之间的对立局面。IT 部门管理的几个企业层面的重大项目进展不佳。这些项目成本超支、严重延期，最终交付的解决方案完全未达到预期目标，导致大家对 IT 部门的信任度一降再降。IT 部门与业务部门几乎到了不对话的地步。一位分析师表示：因为 IT 部门积压的工作太多，常常数月没有任何进展，业务部门对 IT 部门的产出完全失去了信心，觉得

阅读心得

IT 部门完全是在浪费时间。

IT 团队选择的优先事项似乎与企业目标完全脱节。例如，IT 部门建立了一个新的客户培训门户网站，但这个项目是低优先级任务，甚至都没有被列入任务清单。数月后，这个新门户网站就出现了需要技术支持的问题，但 IT 部门已经转向其他项目而无暇顾及了。

当业务部门需要完成某些任务时，常常绕过 IT 部门，自行购买所谓的"影子 IT 工具"（Shadow IT Tool）。业务部门认为这样做是合理的，毕竟，使用即插即用的原生集成和影子 IT 集成工具都能顺利完成工作。然而，某天有人将含有敏感客户数据的数据库连接到了一个外部可见的电子表格中。客户的姓名、电子邮件地址、电话号码和居住地址被泄露，导致了严重后果。这是一个技术上的大失误，是 IT 部门绝不会允许的错误。

领导层意识到了问题的严重性，组建了一个全新的数字化团队。该团队的短期目标是减轻企业内部的数字化项目的压力，中期目标是修复 IT 部门与业务部门之间破裂的关系，最终目标是帮助企业的整体业绩再上新台阶。

这个全新的数字化团队的首要任务是建立一个低代码/无代码（Low-code/No-code）数字化平台。这个平台易于使用，但他们没有立即全面使用，而是首先邀请了来自各个业务部门和 IT 部门的人员参加这个平台的使用培训课程。最后，每个顺利通过培训测试的人都获得了数字化许可。

随着其他数字化项目的顺利推进，这个全新的数字化团队逐渐成为企业文化的基石。这个仅由几人组成的团队开辟了一条企业数字化流程，数字化团队还创建了规模化数字化程序所需的基础设施。这些基础设施包括错误处理、通过已批准的 AI 应用程序定制连接器来使用 AI 技术，以及操作框架。数字化团队还开发了数字化程序在上线前的数字化审查流程。

最终，数字化团队发展成为拥有两个子团队的卓越中心。一个团队支持面向业务的内部团队，如人力资源、财务、IT 和安全；另一个团队支持面向收入的团队，如销售、服务和营销。这些团队在寻找赋能组织的方式上不

阅读心得

遗余力，无论是通过培训、基础设施、治理还是其他手段。

即便没有直接对任何一个具体过程进行数字化，数字化团队依然产生了显著的影响。项目开展几个月后，他们每天接收到高达 20 个关于数字化项目的咨询请求。这使得企业中的 70%～80% 的项目是关于数字化的项目。随着这些数字化项目的推进，企业的增长也摆脱了之前的停滞期，呈现了增长态势。

与此同时，IT 部门与业务部门之间的关系正在改善，士气似乎也在提高，IT 部门甚至请业务部门一起参与某些数字化项目。

想象一下，如果这家企业继续走最初的道路会怎样呢？还能呈现如今的发展潜力吗？这并不是什么边缘案例或奇怪的特例。每个企业都可能发生。这种做法的成功是基于一种不同的认知方式——规模认知。一旦这种认知方式开始发挥作用，即使是最怀疑的 IT 老手也会看到未来并不在于要求增加更多的人手。

在那些拥抱数字化认知的企业中，SaaS 营销企业所发生的事情一次又一次地上演。但我们不能只是给业务团队提供访问权限，然后希望一切都能迎刃而解。我们需要用正确的技术来支持全员参与。

我们已经完成了这本书的第一篇，在第二篇的第 5 章，我们将学习如何进行流程编排，编排是流程的技术支撑，它使我们的团队能够运用系统思维来解决业务流程的目标。就像管弦乐队需要指挥，我们的企业也需要一个编排引擎，对端到端的流程进行协同。通过编排，将复杂的系统操作、用户体验和数据融为一体。

第 3 章的内容使我们了解到随着成长思维的培养，我们需要接受流程中的变更。我们的数字化流程应该能够随着市场的需求迅速变化。换句话说，我们的业务活动应该像具有神经可塑性的大脑一样，时刻都在连接和重新连接各种流程。

在第 4 章，我们了解到企业里有各种技能的人员，这些技能可以直接用于

阅读心得

数字化转型。我们需要运用规模思维来看到未被发掘的潜力，并为业务和 IT 团队制定未来的发展路径。

在第 6 章，我们将学习如何打造可塑性的技术基础设施，它允许我们持续适应、学习，并从根本上重构流程。

然而，这里有一个预警：如果没有强大的治理体系，规模化的数字化很快就会变成无政府状态而不是民主。我们需要设置防护栏，以确保能满足安全性、可扩展性、变更控制、合规性等要求。第 7 章将介绍数字授权。

我们会在第二篇探讨数字化实践，介绍生成式 AI 的执行引擎，并在第四篇进一步深入探讨，但这不是一项简单的任务。例如，治理可以采取多种形式，它需要安全性、访问控制、隐私保护和可伸缩性才能工作。执行平台应当具备多功能性、强大力量和透明度。

企业级 AI 平台的每个关键要素均与管理者的数字化认知框架下的现代化、可编排和可塑性这三个架构基础相对应，如图 4-2 所示。

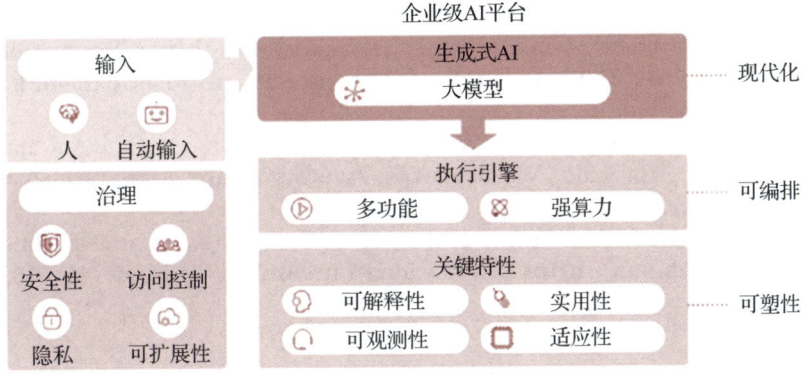

图 4-2　企业级 AI 平台

生成式 AI 是打破阻碍数字民主化进程的关键技术。我们不仅需要强大的治理体系，还需要开发一个能与生成式 AI 的多样性和强大能力相匹配的协调系统。此外，新一代企业级 AI 平台必须具备前所未有的可塑性，使得 AI 能够随着业务需求的变化不断发展。

参考资料

1. Torres, Roberto, 2021, "Enterprise app sprawl swells, with most apps outside of IT control," *CIODive*, **https://www.ciodive.com/news/app-sprawl-saas-data-shadow-it-productiv/606872/**.
2. Julio, Scott, 2020, "21 Shadow IT Management Statistics You Need to Know," G2, **https://track.g2.com/resources/shadow-it-statistics**.
3. Willett, Josh, 2022, "How big should my IT team be?" *Microbyte* (June 13), **https://www.microbyte.com/blog/how-big-should-my-it-team-be/**.
4. Marks, Gene, 2021, "Gen Z workers Are More Confident, Diverse and Tech-savvy but Still Lack Experience," *The Guardian* (December 5), **https://www.theguardian.com/business/2021/dec/05/gen-z-workers-confident-diverse-tech-savvy**.
5. Novotney, Amy, 2014, "The psychology of scarcity," American Psychological Association, *Monitor in Psychology* 45 (2), **https://www.apa.org/monitor/2014/02/scarcity**.
6. Vedantam, Shankar, 2017, "How The 'Scarcity Mindset' Can Make Problems Worse," *NPR: Hidden Brain*, **https://www.npr.org/2017/03/23/521195903/how-the-scarcity-mindset-can-make-problems-worse**.
7. American Society for Quality, 2014, "Steve Jobs on Joseph Juran and Quality," YouTube Video, **https://www.youtube.com/watch?v=XbkMcvnNq3g**.
8. Gartner, 2022, "The Future of the CIO as Technology Expands Beyond IT," Webinar, **https://www.gartner.com/en/webinar/451515/1064033**.

第二篇

The New Automation
Mindset

架构基础

05 | 第 5 章

The New Automation Mindset

流程编排

管弦乐队的指挥并不演奏乐曲，但拥有让其他人演奏美妙的音乐的能力。

——本杰明·桑德（Maestro Benjamin Zander）

医疗保健的风险很高，医疗人才服务企业需要处理非常复杂的流程。虽然它们的招聘和普通企业的招聘相似，但医务人员的安置就要复杂得多。一家名为 Vituity 的医院让这看起来很简单。这家医院在医生入职和准入资格审核方面采取的方法是我们学习流程数字化的典范，但起初并非如此。

Vituity 医院的首席信息官阿米特·奈尔这样说："我们的医生每年要接诊约七百万名患者。我们的核心产品就是提供从事临床医疗服务工作的医生，我们的首要任务是确保每一位医生在被聘用和上岗的第一天就准备好为社区服务。但是由于我们的系统落后，配备一名医生需要 700～1500 小时。"这就需要更新或替换旧的系统并从端到端地看待整个过程。

上述问题足以让任何技术领导者感到棘手。更糟糕的是，任何上岗延误都意味着医院、急诊室或重症监护室会人手不足，导致患者要么等待，要么接受不到充分的护理。"这是生死攸关的事情。我们医院必须保证上岗医生在第一天就能正常开展工作，因为急诊室是医院中最具挑战性的部门。"奈尔说。

在第 2 章中，我们讨论了用流程思维取代任务思维。这鼓励我们审视整个过程，从头到尾改进它。对于 Vituity 医院来说，采用典型的以任务为中心的数字化方法是不够的。数字化数百个步骤中的一两步可能会节省一些钱，但这不会对最终目标产生有意义的影响。此外，如果对几个任务的更改无意中破坏了流程，患者将面临风险。基于这些原因，Vituity 医院选择应用流程思维从单个任务数字化转向基于端到端地进行整个流程的数字化。

5.1　数字化方法

在不同的业务领域，数字化有不同的呈现形式，每种形式都会产生不同的结果，主要包括：任务型、直通型和编排型。

阅读心得

1. 任务型数字化

任务型数字化是指企业对单一角色执行的单一离散任务进行数字化。目标是为了释放员工的时间，让他们可以专注于重要活动。

任务型数字化非常适合快速节省时间或从现有流程中消除瓶颈。然而，问题在于，它永远无法实现从数字化视角全面重新思考整个流程时所能达到的更大转型潜力。

2. 直通型数字化

多年来，直通式处理（Straight Through Processing,STP）意味着从头到尾不需要人工干预地处理记录或交易。这一术语自20世纪70年代以来已经存在。直通式处理非常合适处理每分钟成千上万笔交易的场景，如支付领域。如果说任务型数字化是微观尺度的，那么直通式处理就是系统尺度的，这项技术接管了跨系统的整个流程，旨在不需要人工干预。

诸如"自主企业"这样的说法很流行，然而，直通式处理并不是每一个流程的最佳选择。大多数的业务流程，如果从端到端的视角，仍然需要人以某种方式参与处理异常、决策、提供创意输入等。那些拥抱"全数字化"（即仅使用STP）口号的企业有时候会损害自己的品牌。以客户服务为例，始终扮演着至关重要的角色。企业的最终目的并不是变成一个自动售货机。STP最适合那些需要速度的流程，但不需要人的专业知识的地方。

3. 流程型数字化

流程型数字化通过流程编排来协调人员、软件和数据，以端到端的流程完成各项工作。流程编排是建立在流程思维的基础上的，如图5-1所示。

在流程编排中，人——无论是客户、员工还是合作伙伴，仍然是流程的关键组成部分，他们在最需要的地方发挥自己的长处。

流程编排是数字化的重要部分，它允许人和数字化技术发挥各自的最大优

阅读心得

势。利用 AI 技术能够分析整个流程中的大量数据，并且能够构建理想的端到端编排模板，而人最擅长处理创造性任务或非标准化的个性化需求。流程编排充分发挥了 AI 技术和人的专长，从而最大限度地提升效率。

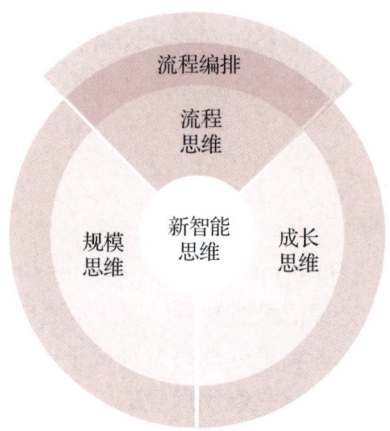

图 5-1 流程编排的基础

将流程编排纳入企业的数字化战略并不意味着要抛弃数字化工具或者停止追求在合理的情况下实现直接处理的能力。流程编排帮助我们在最重要的地方集成这些方法，同时还有助于在团队中激发流程意识。

协调业务流程不仅仅意味着按部就班地操作。就像军事术语"战争迷雾"（Fog of War）一样，它也适用于描述企业面临的不可预测的市场环境。在战争中，意外事件是常态，同样在业务流程中，如果我们不能快速地评估、响应和调整策略，我们将会在高度不确定的市场环境中败下阵来。

美国西南航空公司（Southwest Airlines,SWA）的员工在 2022 年冬季假期的航班取消率超过了 80%，并持续了一个多星期。在此之前，SWA 采用独特的点对点运营策略，在客户满意度和效率方面领先于行业，有很好的服务满意度和准时性，还拥有行业中最快的周转时间。但 SWA 的基础设施主要服务于"成熟路径"（即一切按计划进行，只有小幅度的不确定性），所以没有建立一个足够强大的异常处理流程来应对异常或突发事件（如机组人员请病假、飞机维修问题和极端天气条件等）。

为了优化异常或突发事件处理流程，SWA 的综合运营部门通过协同作业将来自飞行、乘客、机组人员（飞行员、空乘人员、机场工作人员、维护人员）、行李、航空器和登机口 / 站点等不同业务系统孤岛的数据集成起来。针对航班取消率超高的问题，综合考量乘客补偿成本、飞机使用成本、DOT 抵达罚款、受影响的乘客总数、总延误分钟数等关键因素。

对于采用多航段路线运营的西南航空企业来说，涟漪效应尤为复杂。比如从旧金山国际机场（SFO）到达拉斯机场（DAL）再到孟菲斯机场（MEM）的航班在 SFO—DAL 航段出现问题，进而会影响 DAL—MEM 航段，需要决策是更换新飞机，还是延迟航班，甚至是取消航班。其调度示意图如图 5-2 所示。

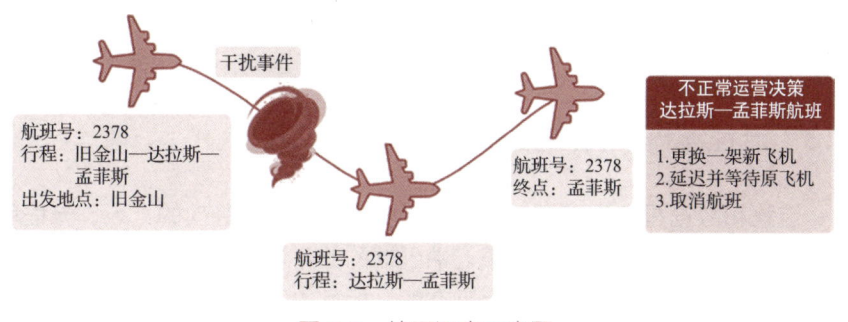

图 5-2　航司调度示意图

在决策过程中还需要与现场员工进行双向沟通，以便收集现场情报。一旦决定了如何处理异常情况，就必须协调各个不同的业务系统，确保调整措施得以实施。此外，还需要向飞行员、机组人员、登机口工作人员和客户明确传达异常情况及变更，确保他们了解最新情况。

5.2　任务导向

有效的数字化策略应该考虑所有相关方的利益。已故的哈佛商学院教授克

阅读心得

莱顿·克里斯滕森说:"理解了要为客户提供的体验,就知道了要整合什么,以及如何整合,才能给用户提供最佳的用户体验。"因此,我们应该从用户体验出发,追溯到技术实现,流程编排就是很好的工具。

不要把手段当目的,消费者使用 Uber 不是因为享受乘车的乐趣,而是为了到达目的地。克里斯滕森的"需求驱动"理论可以帮助我们理解需求是如何在企业中发挥作用的。当企业出现需求时,会聘请人员或引入技术来满足这些需求。例如,企业需要管理销售过程,会购买客户关系管理(CRM)平台;企业需要招聘求职者,会购买招聘软件。

任务型数字化和直通型数字化是向内部寻求降低成本,但协调则是向外看,关注业务成果。通过协调,我们既得到了改善的业务成果,也提高了效率。

Vituity 医院的颠覆性创新在于在一个复杂、缓慢移动的市场中比竞争对手更高效。

5.3　流程编排的构成要素

人、流程和数据是流程编排的基本构成要素。这是对经典的"人、流程和技术"IT 模型的一种微妙的变革。端到端的业务流程——例如员工入职等总是涉及这三者。这些要素是相互交织、相互关联的。如果我们以员工入职为例,可以做如下细分。

- **人**:新员工需要查看并签署他们的劳动合同,经理需要提供管理决策,人力资源团队可能需要处理员工离职问题或特殊情况。
- **流程**:当一个新员工被雇佣时,会涉及很多依赖关系,这些依赖关系形成了一个流程。例如,我们不希望在确认员工开始工作的日期之前就为他们订购笔记本计算机。到员工第一天上班,才应该激活他们的工资支付。根据他们的经理提供的信息,设置他们的访问权限和应用程序账户。所有这些活动和业务必须在正确的时间、在适当的条件下启动,而且只有在完成了之前必要的步骤之后才能执行。

阅读心得

- **数据**：新员工将拥有人力资源记录、工资记录、系统账户、应用程序账户、设备订单、合同以及许多其他相关的数据。随着他们在入职过程中的发展，所有这些数据都需要创建或更新。

通过整个流程的精心安排，Vituity 医院将新医生的招聘时间缩短了一半，从四周减少到两周，员工们对每年能够在医院安置 2000 名医生感到自豪。现在，更多的患者能够获得他们需要的护理。Vituity 医院通过一个数字化流程，实现了更加流畅高效的招聘，建立了可持续的业务优势。

阿米特·奈尔将流程编排与人体的大脑和中央神经系统进行了比较："这就像是数字化的神经系统，它将数据从一个系统流动到另一个系统，这样我们就可以在不到 60 天的时间里让医生们开始在医院进行实践。"

5.4 流程编排所需的技术能力

"编排"一词在技术领域非常流行。我们看到它被用于微服务、基础设施配置、开发运维等多种场景。在这里讨论的编排，特指业务流程数字化，它包含了另一个与流程数字化相关的术语：工作流。工作流是有限的，而编排则是无限的。当我们理解到这一点，我们就会看到数字化平台作为编排引擎需要以下的关键技术能力。

- 事件驱动的工作流程。
- 结合人类和系统行为的能力。
- 与其他专业数字化工具的互操作性。
- AI 的任务是监测、吸收学习并优化工作流程。

在后面的讨论中，我们将看到事件驱动架构流程是编排的基础元素。观察业务流程时，我们可以发现一个复杂的业务事件网络，这些事件触发了一系列的行动。编排引擎的作用在于通过协调一套事件驱动的工作流程来消除这种复杂性，从而实现更大的目标。这些工具需要建立在事件的坚实基础上，并且能够与各种事件和消息解决方案（如 Kafka 或 SQS）进行交互。

阅读心得

仅仅协调事件驱动的工作流程将只会产生直通式处理解决方案。因此，编排引擎还需要能够利用 AI 技术持续读取和解释日志数据，检测异常和瓶颈，使得相关人员据此采取行动。相关人员的行动包括审查、批准、填写表格、做出更改等。

虽然任务数字化不是目标，但它是过程中必需的步骤，许多编排平台也将能够自动执行任务。然而，总会有需要特殊处理的情况，数字化工具将是过程中特定步骤所需的。编排平台不应试图成为万能工具（这是不现实的），相反，它应该提供与现有数字化工具的互操作能力，通过帮助企业更充分地利用它们已有的工具，新的数字化认知使我们能够最大化我们已经在技术上所做的投资。

5.5　企业的大脑

神经可塑性（Neuroplasticity），即大脑在接收新信息和经验后改变其结构的能力。但大脑的设计仅仅是开始，我们的认知如何连接到我们的肌肉以使我们的身体移动这是让人惊讶的。这也是理解编排工作方式的绝佳方式。大脑触发这一过程，通过中枢神经系统发送信号，身体通过移动来响应。它基于从身体周围的神经末梢的不断反馈循环操作，再根据反馈进行调整。

企业拥有无数的软件工具，但大多数更多地起到加强执行力的作用，而非增强思考能力，如像 CRM 系统和 ERP 系统这样的特定功能应用执行它们既定的任务。一些数字化工具是为了任务数字化而构建的，而另一些则是为了直通式处理而设计的。很少有工具能够整合整个人员、流程和数据生态系统，需要一颗"大脑"把这一切都整合起来。

有人将企业的这颗"大脑"（见图 5-3）称为"编排层（Orchestration Layer）"。建立一个合适的编排层一直是中间件供应商多年来的愿景。这个想法类似于我们在早期计算机硬件中看到的主板。这一愿景在 20 世纪 90 年代创造了中间件市场。如今，各种集成和数字化技术的融合使得编排层成为现实。这一新类别的工具被称为企业数字化平台，在第 17 章我们将更深入地讨论这个话题。

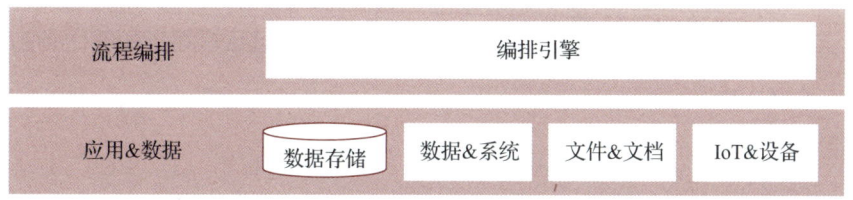

图 5-3 企业的大脑

Grab 公司的前首席信息官（CIO）路易斯·恩里克斯对编排层力量的看法："编排层的整个概念是为每个人都喜欢的前端赋能前端，比如 Slack。编排层位于中间，它与后端对话。今天后端可能是 SAP，明天可能是 Oracle，这并不重要。即便我决定移除 Slack 转向 × 平台，也没什么大不了的，因为我有我的编排层。"

通常，更换企业资源规划（ERP）、客户关系管理（CRM）等核心平台是痛苦的。恩里克斯采取了一种编排方法，如图 5-4 所示的架构，在这里我们编排流程，确保我们的数据是最新的，并为员工提供不间断的体验。一切协同工作以完成客户的任务为中心。我们将在下一章中进一步展开。

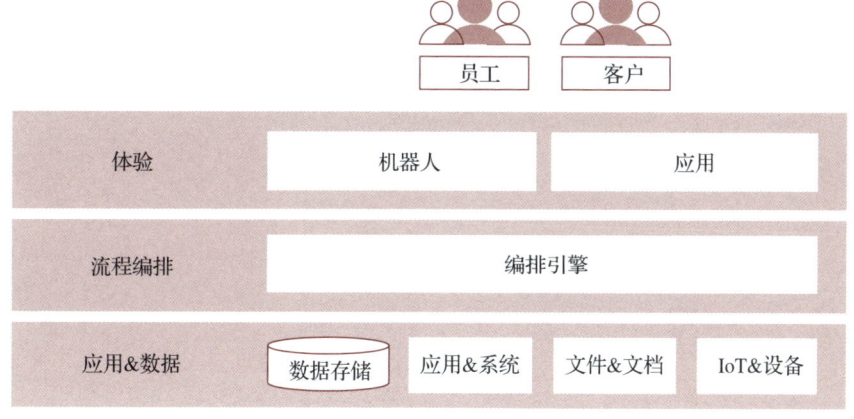

图 5-4 企业的流程编排架构

阅读心得

我们的工作都会影响到人们的职业生涯、生活和福祉。每位员工在被赋予权力和能力去做他们最擅长的工作时，会感到最满意。当他们发挥出最佳状态时，顾客就能体验到这个企业最优质的服务。这正是编排能够做到的。

参考资料

1. Christensen, Clayton M., Taddy Hall, Karen Dillon, and David S. Duncan, 2016, "Know Your Customers' 'Jobs to Be Done,'" *Harvard Business Review* (September), **https://hbr.org/2016/09/know-your-customers-jobs-to-be-done**.

06 | 第 6 章

The New Automation
Mindset
....
可塑性

当你找到一个好的解决方案时,不要停下来,请持续优化它。

——大卫·伊格曼(David Eagleman)

研究表明,如果一家公司要超越竞争对手,那么在经济低迷时期实现超越的可能性要高出一倍。因此,企业需要建立在压力下茁壮成长的反脆弱系统。

当我们去健身房进行举重锻炼时,我们的肌肉变得更大更强,我们重塑了"肌肉",它具有"可塑性"。肌肉是反脆弱的,因为压力、冲击和挑战使它们变得更好。

神经科学家发现我们的大脑经过训练后部分区域增大了,就像肌肉一样。我们的大脑和我们的肌肉一样,也是反脆弱的,其具有"可塑性"。当遇到挑战和训练时,我们的大脑会拆除并重组神经过程。例如,伦敦的出租车司机为了高效地完成工作,必须学习掌握伦敦非常复杂的城市道路系统。

6.1 可塑性的本质

随着市场挑战的增长,业务流程无法跟上市场变换的节奏。在这种情况下,一个业务流程僵化的企业就是一个垂死的企业,企业必须具备可塑性才能在挑战中茁壮成长。可塑性是建立在成长思维基础上的,如图 6-1 所示。

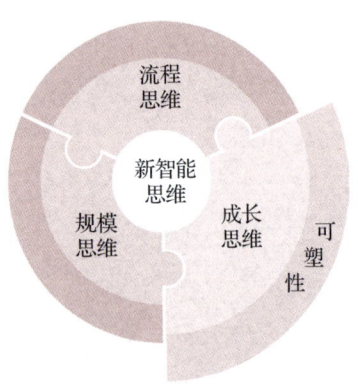

图 6-1 可塑性的基础

阅读心得

可塑性本质上是指细胞或生物体在环境条件变化时变化其属性或行为的能力。具备可塑性的企业将呈现以下特点。

- 在面临经济或竞争的外部压力时，仍能茁壮成长。
- 在内部组织动荡期间能迅速重新聚焦优势业务。
- 能不断改进，寻找实现目标的创新方式。
- 能最大化生产效率，创造令人惊喜的客户体验。能开发创新产品和服务，从而进入新市场。

下面结合具体事例进行说明。

爱丽斯最近加入了一家能源交易企业，她的职位的部分职责是预测不同地区的能源需求。当能源需求激增时，可以抬高出售能源的价格，这对企业的利润有着重大贡献，因此爱丽斯很兴奋地接受了这一挑战。

她了解到，能源需求的估算过程是手动进行的。例如，需要将天气预报网站上的数据粘贴到相应地区的电子表格中。爱丽斯认为利用机器学习构建公共天气数据库可自动生成能源需求估算，并从实时天气数据源中可获得更准确的信息。这是一个很好的提高工作效率的方法。

爱丽斯首先询问她的老板是否支持这个想法。他说她这个职位的前任（乔）尝试过同样的事情，但在 IT 方面遇到了问题。他最终自己编写了一些脚本来部分解决问题，但当他离开后，没有其他人能理解这些脚本。爱丽斯找到了乔的脚本，但她也搞不懂。没有其他选择，她只能继续按照她的计划联系 IT 部门。

爱丽斯重新提交了 IT 支持请求流程，并附上了业务案例，然后她开始等待。最终她得到的答复却是请求被转给了架构团队。架构团队尝试使用 RPA、企业服务总线、ETL 工具，以及自定义代码等手段进行架构。三周后，定制解决方案团队开始接手。由于复杂性和资源有限，定制解决方案团队报价至少需要 18 个月才能交付项目。

爱丽斯现在明白了为什么乔要避开 IT 部门，自己编写脚本，而最终离开了。

阅读心得

如果她必须等待 18 个月才能得到解决方案，她计划中的预测方法一定会过时。如果她以后需要做出更改，这意味着需要更新自定义代码，并可能又是另一个耗时数月的项目。她甚至不确定自己是否还会在这个企业里待 18 个月。将所有这些时间和金钱投入到一个僵化的一次性解决方案中是没有意义的。感到气馁的爱丽斯只能继续她自己的工作，用手动更新表格来更新预测。

IT 部门并不是这个故事的反派。IT 部门努力地用有限的资源来交付成果。建立能够利用人工智能或机器学习工具（如上述示例）的数字化解决方案需要时间和稀缺的专业知识。IT 部门接收到的请求不断，但爱丽斯的请求比 IT 部门正在处理的请求或已经收到的其他请求价值低，IT 部门想要帮助爱丽斯，但无能为力。

很多 IT 团队会特别强调集成或数字化架构，它们重视如解耦和可复用性等特性，但可复用性不一定能带来敏捷性。企业创建了库和可复用的 API、代码和事件流的生态系统，然而面对日趋复杂的业务流程及数字化的要求，虽然 API 是可复用的，但这些现在成了瓶颈，如图 6-2 所示。

人们往往习惯用机器的类比来说明企业应该创建"增长引擎"或像"运转的机器"一样运行。然而，这是将企业设计成了"僵硬"的机械引擎。一个坏掉的部件就能使整个系统瘫痪，简单的变动需要数月的修复计划和特定技术的专家。这是与可塑性完全相反的僵硬性。

爱丽斯的项目只是无数个在挣扎中进行数字化转型的项目的一个例子。如果企业运作起来像"大脑"一样，它会迅速地对创意进行原型设计，并持续不断地对其进行改善。每遇到一个挑战，过程就会变得更好。当这种做法被大规模地实施，企业能在任何情形下显现出更强的实力。

爱丽斯不是 CEO，也不是中层领导，这个变革的想法却恰恰来自她这个基层员工。基层员工最了解企业需要完成的"工作"，他们处于最佳位置去发展和改善他们的流程。可塑性要求在组织的各个层面上，所有改进的想法都能被快速测试和整合。可塑性不仅仅是指企业的变革能力，更是指企业不断在所有层面同时变化的能力。

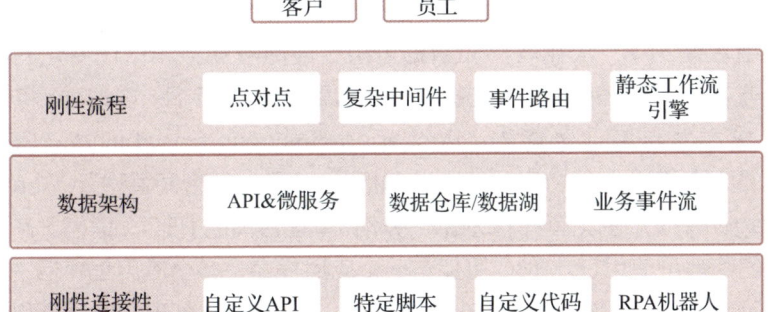

图 6-2 分层复用架构的瓶颈

6.2 打破常规

可塑性需要一种数字化认知架构，但这不仅仅是关乎技术，它也关乎人。无数技术产品声称自己是数字化的万能钥匙。然而，爱丽斯故事中的 IT 团队拥有最新的工具，结果仍然行不通。有的企业过分强调了技术，反而忽视了人的因素。

采用数字化认知架构，企业需要具备卓越的技术能力和组织能力。其中的技术能力要求必须采用数字化技术，并应用于运营模式，这需要企业管理者具备数字化认知。我们将在第四篇深入讨论企业的数字化。在这里，我们专注于可塑性的实现，而且，企业的可组合能力、AI 辅助编排和灵活体验是三个关键因素。

阅读心得

虽然可塑性概念的延伸领域超出了这些范围,但我们建议企业首先关注这些部分,以消除僵化。大多数企业通过在这些部分投入资源,显著提升了业务敏捷性和可塑性。

经常阅读研究报告的读者会对"组合"或"可组合企业"比较熟悉。在这种组合模式中,应用程序和数据可组合成随着业务和市场变化的不同解决方案,并以不同的方式重新排序或重新连接它们。Gartner将这些积木块称为封装业务能力(Packaged Business Capabilities,PBC)。PBC通常与企业中的特定功能或能力相关,例如,"合同管理"(Contract Management)可以是一个跟踪、存储和管理合同的PBC。销售、产品和支持团队都可使用它。PBC可能与一个应用程序、多个应用程序相关,也可能完全不相关。通过关注能力而非技术,我们可以基于业务目标和结果来设计流程,而不是对特定应用程序产生硬性依赖。

我们这里讨论的数字化认知中的可组合能力指可组合的流程集成、数据集成和体验集成(见图6-3)。

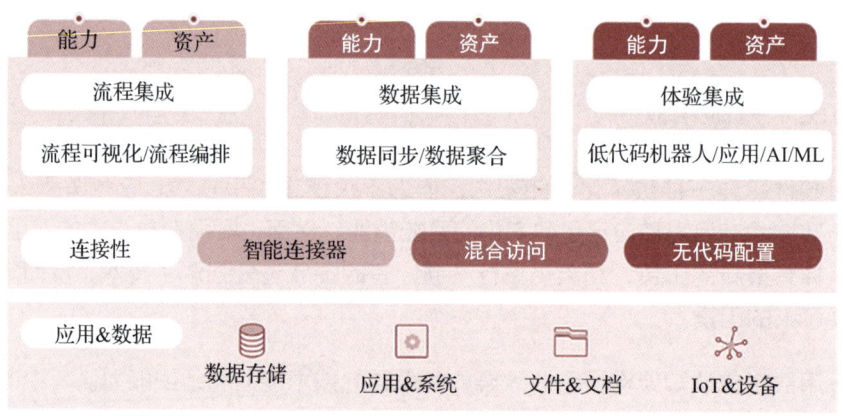

图 6-3　可组合的三种集成

图6-3中的三种集成可实现不同领域中设计自动化组件并与之互动的不同方式。例如,用户体验通常通过聊天机器人、网络应用程序(Web App)

阅读心得

或移动应用程序（Mobile App）来提供。数据可能通过应用程序接口（API）暴露，或通过文件或数据库（Database）传输。然而，流程通常持续较长时间，并可能包含系统和体验的组合。

数据集成、流程集成和体验集成能够提供即插即用（Plug-and-Play），将能力或资产作为构建模块进行打包和共享，从而实现可塑性。

下面以我们可能在体验支柱中创建一个审批构建模块为例进行说明。

这个审批构件将允许任何数字化流程为任何类型的请求寻求经理的批准。它将封装以下几个逻辑。

- 查找员工的经理是谁。
- 确定员工的经理是否因休假或其他原因将他们的审批权限委托给了其他人。
- 将审批请求通过微软团队（Microsoft Teams）发送给经理或代理。
- 根据需要发送后续提醒，并且如果在一定时间内未收到回复，就上报给更高一级的经理。
- 一旦获得批准或被拒绝，通知原始数字化。

这个审批构建模块一旦创建，在以后所有需要审批的数字化流程中都可以重复使用。

由此，一个理想的构建模块至少应该包含为构建模块中的数据提供快速访问的 API 服务、提供实时响应活动或通知其他服务业务活动的能力，用于大批量数据处理、分析和机器学习的云能力。例如，如果您要创建一个"产品推荐"构建模块，需要存储产品数据和购买历史数据，以便训练和持续重新训练机器学习模型，以准确地进行这些推荐。

每个构建模块都必须建立在快速无代码连接的层面上。我们在这里将低代码与无代码区分开，因为现在连接已成为一种商品。大多数数字化工具中现已广泛提供了连接到常见应用程序和数据源的预置连接器，使我们不用花费几小时甚至几天的时间解决这类连接问题。如果不使用预置连接器，

阅读心得

就需要复杂的自定义代码和逻辑，才能正确地初始化连接和认证。

企业将 API（应用程序接口）、事件流和数据在它们的专业领域内表现出色，例如，API 在实时数据访问方面表现优秀，但在处理诸如签订合同、下达新订单或激活安全警报等出站事件方面并不擅长。组合使用这些技术，不仅可以创建不受单个工具限制的包，还可以专注于交付全功能的业务能力。

6.3　AI 辅助的流程编排

正如第 5 章所讨论的，我们需要超越简单的任务数字化。为此，我们必须能够在人、过程和数据之间协调整个流程，一切都需要连接起来。我们架构的编排能力使得这种端到端的数字化成为可能。然而，重要的一点是，编排必须以可塑性为前提来实施。这意味着我们构建的流程不能是僵硬或固定的。我们应该能够轻松改变它们。

此外，生成式 AI 最有价值的应用领域之一，正是通过 AI 辅助的编排层，帮助组织实现飞跃。这一层应能理解业务需求，并通过组合企业内部的一系列现有能力来采取行动。

编排层对于数字化认知架构不可或缺的，不能只关注 API，而忽略了将它们整合在一起的因素，这会导致脚本、自定义代码和其他将系统与 API 结合的僵化方式。因此，灵活的流程编排层（见图 6-4）对于实现可塑性至关重要。

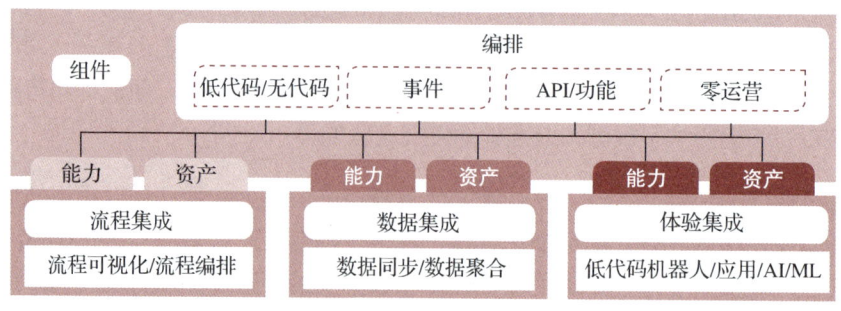

图 6-4　流程编排层视图

阅读心得

由图 6-4 可知，AI 辅助的流程编排依赖于 AI 驱动的动态工作流程和支持这些动态工作流程的低代码组件。

近几年，低代码技术变得越来越流行。通过减少代码的复杂性和操作开销，构建和管理解决方案变得更快。更重要的是，这些技术帮助创建了一个抽象层，促进了组织内更广泛的角色之间的"共同协作"。当低代码技术应用于编排时，它所释放的灵活性正是我们实现可塑性所需要的。我们能够快速编织端到端过程的步骤，并且能够迅速做出改变。如果爱丽斯所在的企业拥有一个低代码编排层，IT 团队可以非常快速地原型化一个解决方案，或者爱丽斯在 IT 团队的指导下，自己就能构建出一个解决方案。

另一个实现流程编排的关键因素是由 AI 驱动的动态工作流。也就是，不再是人不断地调整和优化流程，而是通过机器学习模型调整和优化流程。现在，流程编排工具能与机器学习模型集成，动态地确定流程的下一步。此外，在生成式 AI 和以数字化为中心的大型语言模型的帮助下，整个流程可以通过 AI 辅助编排的流程引擎实现数字化。

例如，一家大型酒店企业最近实施了一个数字化流程，用于处理客户发往酒店的电子邮件。问题在于，一封客户邮件可能触发十种不同的流程，如房间预约、宴会厅订购、投诉、询问账单、寻找遗失物品的请求等。这是利用机器学习处理电子邮件和识别请求的类型。客户不再需要等待几小时甚至几天才能得到回复，而是立刻得到自动回复，告知他们想要预定的宴会厅的功能和价格。

这项技术可以进一步实现流程的自我优化。机器学习与适当的编排工具结合，可以自动检测和变更流程。以发票数字化为例，当发票通过电子邮件收到时，会自动在企业资源规划（ERP）软件中创建发票记录。AI 技术可以用来监控加载后对发票记录进行的更改。这意味着，如果一个应付账款的文员总是将来自 ABC 企业的发票调整为其母企业 ABC 全球企业的记录，那么系统就会自动调整。这个过程无须 IT 部门介入，系统会自适应地进行调整。

总之，将机器学习技术应用于编排能力中，可以实现最终形态的可塑性，

阅读心得

其中数字化流程能够自我调整和改进。

6.4 灵活的体验

人一直是任何企业成功的基础，数字化不是用来取代人的手段，而是最大化人的价值，使人更具创造性、抽象性和战略性的技术进步。传统上，用户体验在数字化项目中往往是次要考虑的因素，项目的优先级通常放在数据传输和系统操作上。

灵活的体验需要技术支持，以实现我们所说的即时体验。通知、审批、审查、反馈、洞察、决策等活动是数字化流程的基础组件。灵活的体验要求企业的数字化平台允许其利用最合适的通信渠道交付这些即时体验。这可能是电子邮件、Slack、短信、Microsoft Teams，或者是他们主要业务应用中的通知。每种体验都有一个理想的渠道，数字化平台应该允许每个过程灵活地与正确的人，以正确的方式，在正确的时间建立连接。

如今，许多工具和技术提供构建通知、表单和各种不同类型用户交互的能力。在我们的组织中创建可塑性的关键因素是这些体验能被快速地创建并纳入我们的数字化流程中。这个领域经常是瓶颈来源。在大多数企业，新的自定义体验将需要应用定制和由开发人员或专家构建的自定义网页表单。这就是数字化交付常常放缓到蜗牛爬的速度的原因。

确保企业的数字化平台能够通过低代码或其他方式快速交付这些灵活体验，将解锁可塑性的第三个重要因素。

参考资料

1. Sull, Donald, and Charles Sull, 2022, "Preparing Your Company for the Next Recession," *MIT Sloan Management Review* (December 6), **https://sloanreview.mit.edu/article/preparing-your-company-for-the-next-recession/**.

阅读心得

2. Taleb, Nassim, 2014, *Antifragile: Things That Gain from Disorder*. New York: Random House.
3. Ericsson, Anders, and Robert Pool, 2016, *Peak: Secrets from the New Science of Expertise*. New York: Harper One.
4. Münte, Thomas F., Eckart Altenmüller, and Lutz Jäncke, 2002, "The Musician's Brain as a Model of Neuroplasticity," *Nature Reviews. Neuroscience* 3 (6), **http://gottfriedschlaug.org/musicianbrain.test/papers/Muente_musician-plasticity.pdf**.
5. Skipper, Magdalena, Ursula Weiss, and Noah Gray, 2010, "Plasticity," *Nature* 465 (7299), **https://www.nature.com/collections/hvpvqqwvmy**.

阅读心得

第 7 章

The New Automation
Mindset

数字授权

要对一线人员进行数字授权，以改进相应的工作和业务流程。

——史蒂夫·乔布斯（Steve Jobs）

当 IT 领导管理者在提及授权时感到不安，他们真正设想的其实是成了无政府状态。IT 部门不可能独自带来进行数字化变革。实际上，它也并不会带来更安全的数字化路径，它导致了影子 IT。幸运的是，还有第三个选项，那么企业管理者就需要进行数字授权。数字授权是建立在规模思维基础上的，如图 7-1 所示。

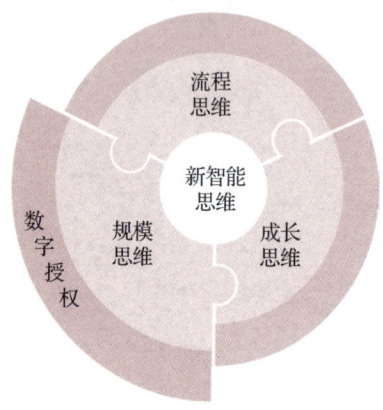

图 7-1　数字授权的基础

7.1　业务与技术的平衡

当技术专家授权业务用户构建技术解决方案时，他们正处于最佳状态。当业务专家可以在技术团队的指导下构建技术解决方案时，他们同样正处于最佳状态，业务与技术的平衡如图 7-2 所示。

如同各种行业一样，业务专家在他们的领域内拥有专业技能。他们理解该领域的专业词汇和衡量标准；他们也了解流程：任务需要按照什么顺序完成，什么需要优先考虑，以及市场如何变化。最重要的是，他们有强烈的使命感，并且清楚地知道他们需要做什么。销售运营中的某个人会比任何 IT 管理员都更懂得如何改进销售流程。

IT 部门拥有一套互补的专业技能，以帮助业务顺利运行。他们对治理、规模和安全性有独特理解。技术专业人士知道

图 7-2　业务与技术的平衡

系统应如何高效运行,他们也知道技术决策如何产生技术债务,限制规模,或导致安全问题。

管理者在授权过程中,信息技术需要担任起更加战略性的领导角色。IT 必须使得企业各个部门的人员能够实现数字化。这包括提供培训、咨询、指导以及支持。其中不仅包括提供实施工作所需的技术和手段,也意味着建立、传达和执行保护企业的规则。

Atlassian 是一个关于数字授权的典范案例。在 2019 年,企业领导成立了一个智能数字化团队,团队努力实现尽可能多的数字化,但很快就达到了极限。为此,他们决定优先处理那些能够带来最大影响的前 1% 的流程。由于团队规模的限制,他们无法完成被赋予的宏伟目标,留下了许多未完成的工作和错失的机会。"我们有一个专门的数字化团队,他们曾负责建立所有数字化流程。但他们面对的积压任务迅速增加。因此,我们进行了一次优先级调整,只专注于那些既有重大影响又具有高价值的任务,这导致很多工作遗留下来。"Atlassian 的智能数字化负责人 Mohit Rao 表示:"于是,我们组建了一个平台团队,目标是让其他团队也能进行数字化。其他团队开始使用我们的数字化平台来完成他们自己的任务。我认为,将工作更接近业务本身,能够带来更好的成果。"

这个新成立的平台团队最初被要求培训其他几个 IT 团队进行数字化操作。经过培训,每个团队开始处理来自企业各个部门的请求。但这些团队很快也都达到了最大容量,一大堆未完成的工作开始积累起来。尽管如此,企业离财务总监设定的节省 100000 小时的目标还远远没有接近。

在这个阶段,IT 部门的每个成员都在满负荷工作,数字化团队认为他们已经没有其他选择了。在最后一搏中,为了实现他们的目标,平台团队创建了一个程序,让业务中的数字化骨干能够数字化他们自己的流程。同时,他们构建了一个治理系统以确保这项工作能够安全进行。其工作人员莫希特是这样描述的:"现在我们已经让业务用户和 IT 用户都有了能力,平台团队可以专注于创建防护措施和治理体系、环境隔离、数字化部署、测试

阅读心得

等。"通过民主化操作，他们实现了个看似不可能的目标——全年共节省了 100000 小时的工作量。

7.2 生成式 AI 在企业中的应用与挑战

生成式 AI 的可访问性每天都在增加。随着生成式 AI 的广泛应用，系统变得更加复杂，它们开始承担许多重复任务，如报告撰写、数据分析乃至软件开发的部分工作。非技术用户将创建如聊天机器人、电子邮件等工具。

虽然将整个业务流程数字化无疑是最令人兴奋的，但是我们如何确保合适的人在做合适的事情呢？例如，人力资源（HR）团队可能希望限制对员工数据的访问，而财务团队希望对企业财务信息做同样的事情。

通过普及这些强大工具的使用，生成式 AI 能够帮助平衡竞争环境，并赋予员工推动其组织内创新和成功的力量。但是，AI 的输出质量无法超越其输入的数据质量。

定义和标准化输入的需求，同时保护企业免受敏感数据泄露或公共 AI 模型相关风险的威胁，为信息技术与业务专家之间的合作创造了巨大的机会。毫无疑问，生成式 AI 将增加企业中的影子 IT。在利用这些工具的同时，控制这一现象需要组织内部双方的共同努力。

企业 AI 平台将通过全面的管理、运营，对 AI 实现必要的控制，来帮助企业实现安全和可靠。

如果一位 HR 想要生成一份关于企业年度经常性收入指标或客户流失率的报告，企业 AI 平台应该能够意识到上下文，并可能质疑这样的人为什么会访问这种类型的数据，或触发一个与其直接经理的人工审查流程。

从另一个角度来看，如果一位业务分析师尝试数字化报价到收款的过程，那么企业 AI 平台不仅应能够通知各相关方这位用户的意图，而且还应具备必要的特征，以便与企业 AI 平台交互的人能够理解其正在生成的内容。

阅读心得

企业级 AI 平台必须具备的能力参见图 15-1。

正如我们将在第 15 章中更详细探讨的那样,当我们思考生成式 AI 的潜力,超越任务数字化的认知模式,进入更广泛(也更有价值)的流程思维模式时,我们很快就会意识到企业级 AI 平台需要支持多个维度才能成功:

- **输入方法**:将指导人与 AI 之间的"交互规则"。
- **治理**:将在每一个接触点上保证可靠和安全。
- **执行引擎**:将通过与一系列核心或关键特征的对齐,把 AI 生成的蓝图变为现实,这些特征是在企业级别引入 AI 所必需的。

参考资料

1. Thomas Jefferson Foundation, no date, "The Jefferson Monticello," last Accessed December 31, 2022, **https://www.monticello.org/research-education/thomas-jefferson-encyclopedia/democracy-nothing-more-mob-rulespurious-quotation/**.
2. Gartner, n.d., "Fusion Team," last accessed December 31, 2022, **https://www.gartner.com/en/information-technology/glossary/fusion-team**.

阅读心得

第三篇

The New Automation
Mindset

数字化实践指南

第 8 章

The New Automation
Mindset

开启数字化之旅

创意是财富的起点。

——拿破仑·希尔（Napoleon Hill）

希望本书的前两篇能启发你重新思考你的数字化认知。由此，你就已经在数字化之旅中迈出了重要一步，这一步就是按照哈里什·拉曼尼所说的，培养一种"直升机视角"。站在这个角度，我们要高于我们眼前的目标和项目，去观察整个企业需要交付的成果，并将数字化工作与促使企业茁壮成长的业务成果保持一致。换句话说，数字化认知让我们认识到数字化可以实现以下核心成果。

- 推动收入增长。
- 提高客户保留率和扩展。
- 保留优秀员工并授权他们提高工作效率。
- 改善供应商关系和效率。
- 提倡追求运营上的卓越表现。

每一个企业进行的数字化举措都会影响到一个或多个上述成果。以明尼苏达州矿业和制造公司（3M公司）为例，3M公司是一家规模庞大且具有独特性的企业，生产许多我们每天都会接触的产品，从苏格兰胶带到手机壳。它们拥有数百个生产线，生产超过55000种产品，每一项数字化都会影响到收入、客户、员工、供应商或运营等各个环节。

3M公司为了提升顾客体验，生产了一个替换呼叫中心的热门产品，即采用自助服务门户网站处理常见请求，同时为特殊情况提供与客服代表交谈的能力。该公司还通过与供应商更好的互动来提高供应链的响应速度，并使用计算机视觉和AI技术来扫描入库包裹是否有损坏，自动标记损坏的物料，更新库存，并向适当的管理者发送退货提议请求以待批准。这大幅降低了受损物资对生产线时间的影响。

虽然每家企业都有其独特之处，但核心目标都涵盖了：收入增长、客户维护、提升员工体验、优化合作伙伴关系、减少成本或提升运营效率。这些目标是任何企业成功的基石，同时，它们也应成为企业数字化战略的基本组成部分。

阅读心得

8.1 数字化的五大支柱

企业的数字化通常主要关注上述目标的某一个,而这些目标又汇聚到各个部门(如人力资源团队专注于员工体验)。企业需要围绕五大支柱执行数字化战略,每个支柱根据业务领域及其相关成果来命名,如图 8-1 所示。

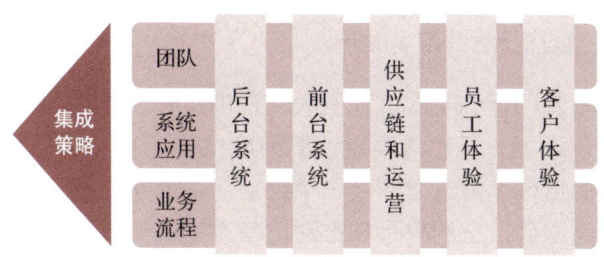

图 8-1　数字化的五大支柱

数字化的五大支柱横跨组织结构、业务流程、系统应用和团队。例如,在后台系统这个支柱中,你会发现发票处理流程,或者在客户体验这个支柱中,会有满意度打分流程。

但我们需要谨慎地指出,这并不是在呼吁每家企业都应统一地实行数字化的五大支柱,也不是说每家企业都应以相同的方式数字化其流程。数字化认知模式的要点在于激发创意和想法,实现竞争差异化。每家企业都会有独特的处理方式,但每家企业利用数字化五大支柱可以检验自身的数字化实践是什么样的。

数字化不是选项,而是企业转型的必然途径,使用表 8-1 所示的企业数字化五大支柱组织目标来描绘这个途径是不错的起点。

表8-1　企业数字化五大支柱组织目标

企业数字化五大支柱	主要组织目标
客户体验	客户保留和扩展
员工体验	员工留存和生产力
供应链和运营	供应商关系和运营效率
前台系统	收入
后台系统	运营效率提升

阅读心得

企业数字化五大支柱的主要组织目标如下。

- 客户体验：侧重于保留客户和客户体验的扩展。
- 员工体验：提高员工的留存率与其生产力。
- 供应链和运营：加强与供应商的关系，提高运营效率。
- 前台系统：关注收入。
- 后台系统：聚焦于运营效率提升。

不要抄袭和复制同行的实践，在五大支柱内工作，要找到一个平衡。我们需要促进创造力，但也需要足够的组织结构来指导我们团队的活动，以实现更大的目标。创造力需要一个起点，我们可以相互学习。最好的想法很少全然原创，它们只是在推动已有事物的边界。换句话说，我们应该能够实施我们最有创造性的想法，但我们的想法应该"站在巨人的肩膀上"。

企业利用数字化的五大支柱可分解和组织业务，形成可行的数字化倡议。每一个支柱也由更详细的通用业务流程的层次结构支持。这个层次结构应该能够启发之前未被考虑的数字化想法，它还将帮助你识别那些使你的组织独特的流程和活动。这将产生新的和独特的数字化想法。一个来自后台办公的流程层次结构示例如图 8-2 所示。

图 8-3 是数字化转型的六阶段模型，涉及不同的数字化进程。这些阶段包括以下几个方面。

- **任务数字化**：实现传统业务和任务的数字化处理。
- **业务功能数字化**：将业务功能和流程通过技术手段进一步数字化，提升整体效率。
- **系统数字化**：构建信息系统、ERP 系统等，通过系统化手段提升企业内部运作效率。
- **流程数字化**：优化和再造工作流程，使其更高效、更自动化。
- **认知数字化**：引入大数据、AI 技术，提升数据分析和决策的智能化水平。
- **决策数字化**：通过数据驱动的决策模型，提升企业决策的精准度和速度。

阅读心得

图 8-2 后台办公的流程层次结构

阅读心得

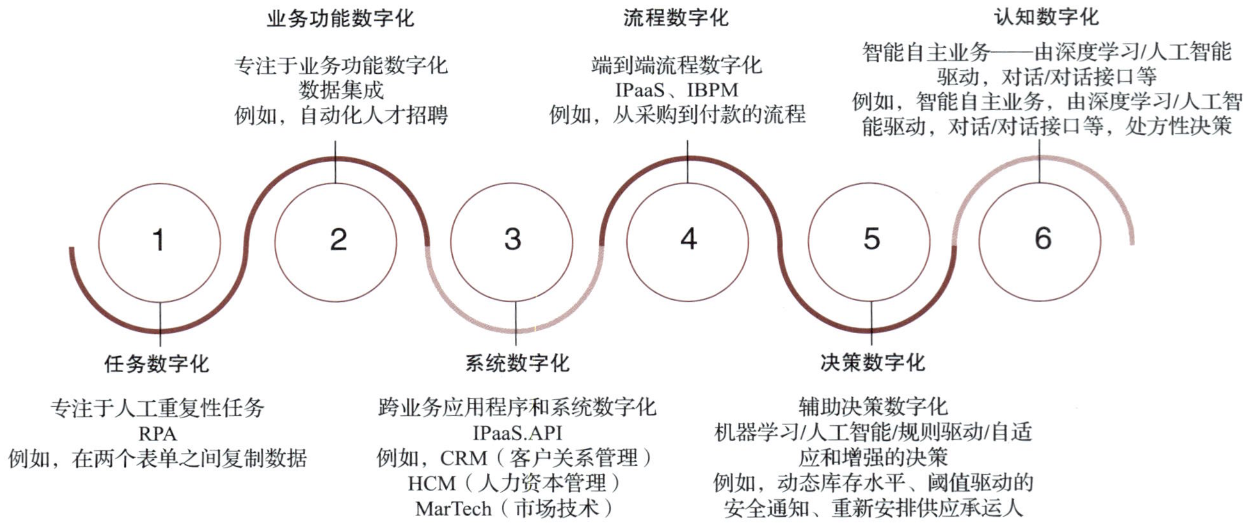
业务功能数字化
专注于业务功能数字化
数据集成
例如，自动化人才招聘
流程数字化
端到端流程数字化
IPaaS、IBPM
例如，从采购到付款的流程
认知数字化
智能自主业务——由深度学习/人工智能驱动，对话/对话接口等
例如，智能自主业务，由深度学习/人工智能驱动，对话/对话接口等，处方性决策
1
2
3
4
5
6
任务数字化
专注于人工重复性任务
RPA
例如，在两个表单之间复制数据
系统数字化
跨业务应用程序和系统数字化
IPaaS.API
例如，CRM（客户关系管理）
HCM（人力资本管理）
MarTech（市场技术）
决策数字化
辅助决策数字化
机器学习/人工智能/规则驱动/自适应和增强的决策
例如，动态库存水平、阈值驱动的安全通知、重新安排供应承运人

图 8-3　数字化转型的六阶段模型

8.2 数字化探索

在开始数字化之旅之前，我们建议在最容易产生效果的数字化领域开展精益数字化工作坊。这些工作坊会专注于一个或两个核心流程，通常是特定业务领域的技术和非技术利益相关者一起共创。采用流程思维，这些工作坊应该从头到尾重新设计流程，并关注流程的核心业务目标。我们建议数字化工作坊应该涵盖以下主题。

- 为当前业务流程确定目标和衡量指标。
- 概述当前流程的运作方式。
- 识别流程中效益点（例如更快、更容易、更好的体验）或优化点（比如可以消除的步骤）可以实现数字化。
- 标记流程中所需的任何合规性和批准步骤。
- 评估实施所有已识别数字化场景的效益，包括节省的时间／成本、降低的风险、改善的体验或增加的收入。

像这样的工作坊可以由企业内部团队或咨询导师主持，咨询企业和数字化提供商都有受过培训的专家，专门负责组织类似数字化工作坊的组织。

精益数字化工作坊可以帮助团队以结构化的方式宣贯和统一数字化认知，并帮助从这些流程的业务拥有者那里获得对数字化的支持和认可。它们是评估组织中大型且更复杂流程的绝佳方法，以发现大型和高影响的数字化机会。虽然大型和高影响的数字化是显而易见的候选对象，但它们绝不是从数字化中获得巨大回报的唯一途径。

在本书前两篇提到的未开发机遇的冰山意味着有许多想法未被尝试。这些被忽视的创意火花是我们所说的创新数字化。

8.3 创新数字化

对于数字化的五大支柱对应的流程采取结构化和协调化的方法是一个不错

阅读心得

的开始。但这些流程仅仅代表冰山一角，新的数字化认知模式则是为了关于消除那些有价值的创意和落地实现之间障碍。当数字化的文化在一个企业中点燃时，不可思议的事情开始发生。真正的潜力在于把权力交到那些有伟大想法的人手中。而且往往，这些想法是完全出人意料的——它们不在任何列表上。

企业内部有成千上万个微小流程在执行，这些流程消耗了大量的时间。如以下一些例子。

- 发送邀请并追踪对某个企业活动的响应。
- 从外部来源获取市场数据。
- 将团队指标纳入企业内部宣传。
- 使审批过程可以在移动设备上进行。

拥有传统数字化认知的企业可能会认为这些改变价值不大，不值得去做。但随着认知方式的转变，这种看法也在改变。当这些小的数字化积累足够多时，数千个被忽视的数字化改进的总体影响可能会超过我们传统流程数字化的影响。

这是一个随着时间推移而达到规模的问题。以沃尔玛为例，可能有人会意识到，美国各地的店长很多在关门后都会忘记关闭所有的灯。有人提议，使用计算机视觉（Computer Vision）技术对安全摄像头的视频流进行分析，然后在关门前五分钟通过短信提醒店长，这会是一个很酷的主意。这可能每年为沃尔玛每家店节省几百美元。随着时间的推移，他们在每家店安装了支持 Wi-Fi 的开关，当安全摄像头不再检测到店内有动作时，就可以自动关闭灯光。另一位员工认为，将同样的数字化技术应用到支持 Wi-Fi 的恒温器上，以节省取暖和制冷成本，这也是一个好主意。随着时间的推移，这些创新数字化想法的价值迅速增加，很快超过了最初想法的业务提案中所描述的任何内容。

对于单一数字化来说，投资回报率（ROI）可能看起来并不显著。但在规模上构建这些创新的数字化，它们的综合影响就会带来一些最令人印象深刻的业务转型。

参考资料

1. Trefis Team, 2020, "Which of 3M's 26 Business Lines Makes The Most Money?" *Forbes* (January 27), **https://www.forbes.com/sites/greatspeculations/2020/01/27/which-of-3ms-26-business-lines-makes-the-most-money/**.

第 9 章

The New Automation
Mindset

后台运营

高质量意味着在没人监督或关注的情况下也能做好。

——亨利·福特（Henry Ford）

在数字业务的初期，直面客户的角色是最重要。现在很多人意识到，面向客户的角色只有在得到后台流程支持时才能发挥出最大的效能。例如，一个出色的客户销售，如果得不到后台运营的支持，那也是无济于事的。所有通过客户体验投资创造的机会都会因为后台流程执行不力而烟消云散。

在企业的所有部门中，鲜有比作为后台支柱的信息技术（IT）和财务经历这么多变化的了。财务所需要负责的内容在过去几年增加了很多，CFO 们被要求解决一些对他们来说相对较新的领域的问题。随着技术成为核心，CIO 们已被提升为业务战略家。这些不断进化且至关重要的组织部分，统称为后台。

尽管后台部门仍然"在后面"，与客户的互动很少，但人们对它的看法正在改变。后台部门不再只是一个行政成本中心。绩效管理、企业战略、数字化转型等都属于后台部门。它们现在成了竞争优势的载体。新的数字化方式下，后台运营对于一家企业至关重要。

后台工作使得整个企业能够高效运作。采购、财务、信息技术、人力资源等涉及的核心流程都是保障企业正常运转的关键。尽管后台运营不断演变，但对传统运营的期望和效率大幅上升，传统运营依然至关重要。例如，在数字时代，传统的财务流程需要更快的处理速度。在合规报告或客户互动中的一个小失误可能会让企业损失数百万美元，甚至更糟。

在一家拥有管理者的数字化认知方式的企业中，后台角色不能被孤立。虽然在本书中我们对其进行了区分，但后台必须与企业的其他部分相互连通。

今天的后台工作通常是重复性的、手动的，且数据密集型的，后台业务数字化工作的机会巨大。

9.1　为后台运营解锁业务价值

很多企业都在努力提高后台运营的效率。机器人流程数字化、基于云的

阅读心得

ERP 系统以及 BPO（业务流程外包）成为流行的方法。这些程序提高了一些效率，但后台运营仍然存在效率低下、周期长、数据孤立的问题，有很大的改进空间对于更快的端到端处理、更大的灵活性和改善的体验，都有巨大的机会。

图 9-1 所示的企业后台运营的层次，是识别数字化机会的绝佳方式，但不要仅限于这些流程，因为大多数企业的后端流程更多，因此数字化的机会也更多。

典型的后台运营可以分为财务操作、从报价到收款、报告与合规、财务与会计管理、IT 服务与安全运营、IT 运营与基础设施管理，以及法律、合规、风险及其他后台运营七个领域。

在理论上，将任务按功能领域分组是减少复杂度的有用方法。然而，将实际的业务流程划分为不同的功能领域往往并不容易。根本原因通常是与企业关心的结果不一致。数字化的关键成效之一是将后台运营更多地与我们的业务目标对齐。

9.2 数字化应用案例：信息技术服务管理

随着云服务和硬件消费模式的快速变化，一家混合云服务企业预见到了未来可能的危机。该企业在 2017 年雇用了首位 CIO 温迪·普菲弗。

温迪在接下来的几年里，帮助这家企业从硬件企业转型为软件企业，IT 无法支持这一转型的强度，数十个后台流程需要转变，以支持企业的新方向，挑战持续存在。由于项目交付缓慢，IT 部门的支持率很低，且它是一个低效率的成本中心，每年的成本预算超过了 8%。温迪引入了一个低代码数字化平台，以便加快项目进展。她让整个 IT 团队接受了该工具的培训。然后，IT 团队开始从头到尾记录、规划和重构流程。她首先简化了服务请求处理的流程，采用了 ServiceNow 管理服务请求。遗憾的是，仅仅购买一个 IT 服务管理（ITSM）平台并不能解决服务请求的管理问题，因此需要积极地检查和使用这个工具，它才能发挥效用，但是很多人没有这个意识，因此，许多请求在队列中等待了太久，员工感到沮丧。

阅读心得

图 9-1 典型的企业后台运营层次

针对这个情况，温迪带领 IT 团队利用这次绝佳的数字化机会，开始通过将所有工作流连接到 Slack 来实现这一点。任何任务的分配、升级、批准、创建和更新现在都在 Slack 中进行。这带来了以下好处：

- 主动通知：IT 团队成员不再需要每天都记得登录 ServiceNow 来查看他们需要完成的工作，取而代之的是平台会主动通知他们。例如，当业务用户提出了问题时，IT 团队会立即看到弹出的提醒，并且可以迅速采取行动。
- 更快的响应：以前，IT 团队可能需要几小时甚至几天的时间才能注意到业务用户的问题，而通过 IT 服务管理（ITSM）平台的 Slack 即时响应功能，进一步减少了对业务利益相关者的延迟。
- 解锁业务障碍：一旦用户的 IT 请求处理时间缩短，项目的完成速度变得更快，项目不再因等待 IT 援助而停滞不前。

接下来，他们又解决了虚拟机配置的延迟问题。

以往，虚拟机的配置需要手动操作并提交请求，然后等待一个星期。这种等待时间直接影响了开发者构建新产品或功能的进度。对于一家软件企业而言，这直接影响了从这些新产品或功能中获得新收入的能力。对于等待感到沮丧的团队甚至会开始尝试自己构建虚拟机，但很快意识到这个过程不具备可扩展性。

之前，IT 团队需要阅读 ServiceNow 请求、确定虚拟机的需求、打开虚拟机管理员控制台、填写所有配置、创建一个新的虚拟机、验证虚拟机已成功创建、向请求者发送电子邮件等。针对这些手动且复杂的流程，温迪带领 IT 团队实施了虚拟机的自动配置。以上所有流程都是自动完成：低代码数字化平台监控 ServiceNow 中的虚拟机请求工单，通过 Slack 路由进行批准，然后根据工单中的配置启动虚拟机的配置过程。

这种即时配置大幅缩短了 IT 请求时间，从几周缩短到几小时。如果你退后一步，全面审视端到端的过程及其对业务的整体影响，成果将更为显著。服务器配置时间从几周缩短到几小时意味着开发人员现在可以更快地测试新想法，并比以前提前几周发布产品。IT 部门不再需要花时间导航应用程序和输入配置，现在 IT 团队可以管理异常、解决问题，并致力于更多增值计划。

对于任何科技企业而言，安全始终是重中之重。之前，该企业的工具和应用程序产生的安全警报太多，难以从海量信息中筛选出重要信号。安全运营团队有成千上万的电子邮件、数百万条日志记录和无数工具需要监控。使用低代码数字化平台可持续监控 Splunk（他们的日志平台）中的特定事件和活动。现在，该企业可以通过通知更多关键的安全事件来突出更重要的安全事件。比起通知本身，迅速采取行动对这些事件做出响应更加重要，因此，温迪带领 IT 团队为服务器管理员创建了一个 ServiceNow 工单，检查为什么服务器的网络流量异常高，同时发起对某些事件进行全自动响应，比如，在检测到恶意病毒的设备上立即禁用网络访问。通过自动处理一些警报并标记其他警报，安全运营团队现在可以更好地监控可疑活动。更严重的安全威胁现在能够在几分钟甚至几秒钟内得到非常迅速的响应。在一个错过一个威胁可能会让你的组织损失数百万美元的安全世界里，这些数字化是至关重要的。

温迪发现 IT 团队大约有 70% 的时间都在进行基本工作，或者说是"维持运转"的反应式工作，这种工作是无法计划的。这些计划外的工作对企业的运营至关重要，但也极大地消耗了团队的时间。温迪和她的团队能够检测出什么时候需要维护，并自主处理 85% 的计划外工作活动。

通过以上举措，数字化变成了该企业的第二天性。自采纳新的数字化认知方式后的一年内，该企业的 IT 服务能力提高了 30%。这意味着他们能够处理 30% 以上的工作，而无须雇用任何额外的人员。因此，他们的审批评级急剧上升，过去 18 个月以上的满意度打分为一个很高的数值。IT 部门的花费占企业年度成本预算的比例也从 8% 降至 1.8%。

该企业凭借数字化认知的转变已成功转型为一家软件企业。

阅读心得

9.3 数字化应用案例：简化事件管理

一家领先的支出管理解决方案企业将无缝衔接的后台流程视为其成功的关键。这家企业的一位工程师汉斯（Hans）说："我们负责性能，确保网站的正常运行和可用性，以及管理平台和服务，并与它们互动。我们还能更专注于问题的分类和解决，而不是在不同的工具之间来回切换以创建工单。"这说明，通过数字化平台协调企业对重大事件的响应，对于保持业务发展和维护客户信任至关重要。

在使用数字化平台之前，该企业的相关流程见以下所述。

- 当网站出现问题时，监控工具会检测到，VictorOps 运营系统会向工程团队发出通知。
- 值班的工程师需要登录到 JIRA 系统并创建一个事件。
- 值班的工程师接下来需要进入 HipChat 并打开一个会议链接，这样所有处理这个问题的人就可以通过这个链接讨论和协调行动。
- 之后，值班的工程师会在 Cachet（缓存）中发布一个公告，让客户知道他们已经发现了问题并且正在努力解决。

以上流程涉及的登录应用程序由一个关键的工程团队成员负责管理任务，而他本可以更好地专注于解决重大问题。汉斯和团队意识到这不是一个正确的方法，并寻求自动化解决方案，即引入一个低代码数字化平台来整合上述流程。利用 VictorOps 的信息在 JIRA 中创建了一个工单并分配给适当的团队。一个与适当团队成员相关联的 HipChat 聊天室被自动创建，工作人员被通知加入。最后，一个更新被发布到 Cachet 中，以通知客户有关该事件的安排。

现在，工程团队可以立即开始解决问题，而不必担心后台问题。因此他们对重大事件的解决时间得到了改善。

工程团队为了使上述流程变得更简单、更隐形，他们将将 JIRA 的事件管理工作流与 Cachet 连接起来。这意味着，当他们更新 JIRA 票据并通过各个步骤推进（从开启、调查、识别、修复、观察，最终解决），这些更新会自动反映在 Cachet 状态仪表板上。客户可以及时收到事件更新，而不会拖慢工程师的步伐。这是一个双赢的局面。

9.4 数字化应用案例：减少交通罚款

一家领先的汽车租赁企业的使命是成为一流的出行解决方案提供商。为实现这一目标，它不仅要关注创收，还要关注管理成本。它们通过数字化技术集中解决了一个主要成本问题——交通罚款。

通常，当人们开着租用的汽车时，他们并不总是严格遵守交通规则。虽然这导致汽车租赁企业要承担罚款和其他责任，但这些罚款还是会转嫁给驾驶员一方。由于某些地区的法规规定，汽车租赁企业必须在租赁开始的 7~30 天内向当局报告驾驶员信息。但由于内部处理程序缓慢等种种原因，汽车租赁企业在未能在规定期限内向当局报告驾驶员信息，最终承担了罚款。

由于无法迅速处理和报告这些违规行为，积压的信息不断增加，罚款也在不断累积。汽车租赁企业承担了沉重的成本，蚕食了企业的净利润。因此，他们需要一个解决方案，以便能够在截止日期之前迅速报告这些信息。

对于这家汽车租赁企业来说，需要开拓新市场、管理车队和数千名驾驶员。由于这些基本是手动的、教条的流程，无法跟上标准化运营要求，严重制约了企业的发展。

由此，该企业实施了一种从执法机构收到的通知中检索关键信息的数字化解决方案。该方案利用光学字符识别技术识别车辆和驾驶员的信息（包括车牌号、违规行为以及违规的时间和日期），然后，将违规行为与其客户关系管理系统中的特定客户对应起来。这样，包含违规行为和特定客户信息的报告随后会在规定的时间内自动报告给执法机构。

该解决方案最终完全取消了手动流程，节省了大量时间，实现了及时向相关部门报告客户责任（例如超速）的核心目标。这有助于减轻他们之前因错过截止日期而不得不支付的高额罚款，使他们可以重新专注于在新市场中的扩展工作。

9.5 数字化应用场景：自动进行现金对账

财务团队每天都需要处理大量数据，并且必须做到绝对的准确性。有许多流程用于检查或交叉检查数字，以确保财务报告的准确性并监控欺诈或其他不规则行为。其中一个流程是现金对账，即便是全球最大的票务公司也不例外。这家票务公司发现每周需要花费超过 20 小时进行现金对账，这占用了财务团队过多的时间，而无法专注于其他更重要的任务。

该企业在两家不同的银行拥有多个账户，因此需要团队登录到每家银行的网站，下载交易记录到电子表格，手动重新格式化和筛选这些交易以准备加载，然后将它们加载到 Netsuite 中，并发布交易。这不仅耗时，也无法发挥财务团队的专业技能。

因此，该公司决定对这些流程进行数字化，并在不到一周时间内实现了以下新的数字化流程。

- 使用安全文件传输服务从各个银行下载交易记录。
- 将银行文件按原样加载到 Netsuite 中，以便日后查阅和满足未来的审计要求。
- 启动一个过程，迭代遍历银行记录中的每一笔交易，并应用预定义的业务规则以便将交易筛选并映射为可在 NetSuite 中发布的格式。
- 在 NetSuite 中发布每一笔经过分析和处理的交易。

上述流程的数字化给这家公司带来了显著的效率提升。每周节省 20 小时相当于全职员工的一半工作量，这意味着财务团队现在能够花时间做更具战略性、更有价值的工作。

阅读心得

9.6 后台数字化的力量

后台数字化与前台服务或员工体验等密切相关,并可直接带动企业的业务增长,见表 9-1。

表9-1 后台数字化的收益

收益	概述
收入增长	随着数字化消除了对纸质流程的需求,并减少了人工接触点的数量,员工可以专注于更有价值的任务,这些任务能够积极促进公司的收入增长。这种改变还能产生连锁效应,改善客户体验,甚至成为业务的竞争优势
减少周期时间	数字化端到端流程可以通过减少人工接触点和审批时间来缩短周期时间。它还可以通过减少流程中的变化来提高服务水平协议(SLA)的达成率
改进数据分析	由于数字化记录了流程中的所有步骤,数据可以更好地用于执行流程和数据分析,从而提供有价值的洞察
减少错误	随着流程中手动干预的减少,人工错误的几率大幅降低,客户可以依靠你的系统高效运行

1. 办公室数字化创新

目前为止,我们已经讨论了一些大型流程的案例,这些流程通过数字化可以极大地提升企业的效率。但有时候,最好的数字化流程并不明显,往往隐藏在日常工作流程之中。虽然每个企业的关键任务流程都应当从头到尾融入数字化元素,但真正的魔力、喜悦和兴奋往往来自于某个人那不经意的创新想法。以下是近年来我们见证的创新办公室数字化实例。

- **智能灯泡与安全操作**:有一家企业在他们的安全操作中实施了数字化的通知和事件响应。他们认为已经建立的提醒机制(电子邮件警报和 Slack 通知)对于最关键的安全软件警报仍然不够,例如一个关键警报的例子可能是检测到他们核心管理员账户有不寻常的活动。对于这样的警报,他们担心当人们远离电脑时,他们可能无法足够快地看到并回应事件消息。为应对这个问题,他们建立了与云短信服务(如 Twilio)的集成，仅在最为关键的情况下向安全团队发送短信。他们通过将这个数字化流程与办公室里的 Wi-Fi 连接的飞利浦 Hue 智能灯泡相连，使它更具影响力。数字化程序设定，在接收到红色警报消息时，所有的灯泡都会变为红色，确保房间里的任何人都会立即回到他们的电脑前查看发生了什么事。这一数字化行为成功帮助企业避免了一次重大的安全漏洞。

- **协助新员工首次从 PC 转向 Mac**：某企业的一支 BT 团队意识到，他们接到了很多服务工单，其中很多是因为从未使用过 Mac 的新员工提出的。比如，一个用于重要工作的应用程序突然消失的案例。最终发现，这是由于用户无意中切换到了新的桌面。通过在新员工入职初期加入一个小调查，询问员工这份工作是否是他们第一次使用 Mac，BT 团队能够显著减少这些耗时的服务工单。如果他们回答是，就会引导他们参加一个短培训课程，这个培训是 BT 团队根据过去一年收到的最常见问题而设计的。这不仅让 BT 团队节省了一些时间，新员工的工作效率也有所提高。

- **基于席位定价的应用程序无触碰配置和去配置**：IT 团队常常需要负责维护一些基于用户席位的应用软件的许可清单，如 Salesforce CRM 及其他需要付费的月度个人许可的相似工具。这家企业决定消除获取新许可证以及撤销闲置许可证的烦恼。以前，用户需要借助办公室的天才吧台（Genius Bar）请求登录信息，这通常需要几天时间才能在 IT 队列中处理。现在，企业允许任何员工使用简便的 Slack 机器人请求任何应用程序的许可证。这将提交给他们的经理审批，一旦审批通过，数字化程序将为用户提供访问权限。更进一步的是，如果用户在 90 天内任何时候没有登录应用程序，另一个数字化程序会触发。届时，Slack 中会出现一条消息，询问用户是否仍需使用该软件。如果他们选择"是"的按钮，请求就会再次提交给他们的经理审批。通过这种方式，企业不仅节省了 IT 团队处理常见且重复任务的时间，同时确保了软件即服务（SaaS）许可证成本尽可能地精简。

- **借助 AI 实现企业范围内知识搜索的对话式答案**：员工每天都有问题，解答这些问题通常需要询问周围的人或者翻阅文件和搜索结果。通过将 Slack、生成式 AI 和企业级搜索工具（例如 Glean）连接起来，企业可以在 Slack 对话中向员工提供知识。例如，当一个员工想知道下一个企业假期何时到来时，他们通常需要查找企业假期日历。但有了这种数字化，他们可以简单地问 Slackbot："下一个企业假期是什么时候？"数字化将搜索企业文件、知识库和文件存储，生成式 AI 会提供答案，并通过 Slack 发送回去："下一个企业假期是 8 月 12 日，你还有其他问题吗？"这不仅会提升员工体验，还会减轻企业内那些作为"知识中心"的人的负担。

2. 后台运营是企业发展的基础

虽然有些人会因为后台运营不直接产生收入而低估它们的重要性，但事实上，它们是每家企业的基础。就像你家里的水管或电路系统，在它们出问题之前，你可能不会觉得它们有多重要，一旦出现问题，就仿佛是世界末日。数字化这些基础流程可以直接影响到客户体验、员工体验和前台运营的各个方面，并且有助于确保你的业务不会停滞不前。所有这些都会为企业带来真正的竞争优势。正因为此，许多企业在开始他们的数字化之旅时，会从后台运营做起。

参考资料

1. Agrawal, Ankur, Kapil Chandra, Priyanka Prakash, and Ishaan Seth, 2018, "The New CFO Mandate: Prioritize, Transform, Repeat," *McKinsey* (December 3), **https://www.mckinsey.com/business-functions/strategy-and-corporate-finance/our-insights/the-new-cfo-mandate-prioritize-transform-repeat**.
2. Protocol, 2022, "The Changing Role of the CIO" (February 8), **https://www.protocol.com/events/changing-role-of-the-cio**.

第 10 章

The New Automation
Mindset

前台业务

增长绝非偶然，而是多种力量共同作用的结果。

——詹姆斯·卡什·潘尼（James Cash Penney）

随着越来越多的企业开展数字化转型，企业前台业务中的营销和销售逐渐成为企业数字化的重要场景，并形成了以客户关系管理、营销数字化平台为核心的软件应用生态系统。

企业前台业务的数字化包含了销售管理、客户成功与运营、收入运营与市场进入、销售订单与合同管理、需求生成和其他企业前台运营，如图10-1所示。根据行业的不同，前台业务数字化的利益相关方还包括其客服人员、咨询企业的分析师或财富管理顾问。

前台业务直接连接市场，关系到企业的收入，受市场的影响最直接，也是最不稳定的领域。据相关研究报道，首席营销官（CMO）的平均任期为40个月（这个数字每年还在下降）。销售副总裁的任期则更短，仅为18个月。即便是最成功的领导者也要应对不断增长的需求以及不断提高的潜在客户、销售管道和收入配额的矛盾。任期的短暂迫使企业前台的领导者必须在短期内取得立竿见影的业绩，而通常的做法往往就是建设新的应用程序。现在企业已经意识到仅仅添加工具软件只能带来短暂和不可持续的回报。以前，我们添加一个应用程序一般可实现数十种新功能。现在，一个新的应用程序可能仅仅在原有能力上有微小的提升，因此，企业前台的面临的最大挑战之一是打破那种"购买新软件"的认知定势，转而追求能够长期从他们已拥有的应用程序中产生价值的方法。

10.1 企业影响力始于前台

企业前台的数字化目标是什么？

简而言之企业前台的数字化可以帮助销售团队销售更多的产品或服务，帮助营销团队提高企业知名度，帮助客户支持或交付团队维护并开拓更多的客户。一个数字化程度高的企业前台会带来以下几点提升。

阅读心得

图 10-1 企业前台业务的数字化

阅读心得

（1）客户体验的提升。企业前台数字化在无须对应用程序做出深度定制或改动的情况下显著缩短处理客户请求的时间。它还能通过给予客户支持团队适时的情境信息，从而建立更加个性化的互动。

（2）员工体验的提升。客户支持团队的员工对于客户体验几乎没有任何增值的行政管理和重复性任务感到沮丧。数字化消除了这些任务，并因此消除了员工的过度压力，这往往是导致职业倦怠的原因。

（3）盈利能力和增长潜力的提升。通过为客户提供"惊喜"的体验，以提高客户的参与度并与之建立更长久的关系——这会带来正面的盈利能力和增长潜力的财务成果。

10.2 RevOps 的兴起

在业务领域，尤其是科技企业中，流行几种企业前台业务模型。在数字化转型的初期，首先是营销数字化平台（Marketing Automation Platform，MAP）的引入。MAP 一经推出（这里有双关意味），营销运营角色的创建便紧随其后。这些角色是为了管理大量新的营销系统及其相关流程而设立的。紧接着，为了管理 CRM 中以及其他销售技术（机会管理、预测、报价、交易批准等）中的流程，销售运营很快出现。

近期，尤其是在科技行业，我们看到销售运营和其他聚焦于收入和市场营销的运营角色被重新定义为"收入运营（RevOps）"。RevOps，即 Revenue Operations（收入运营），是将销售、营销和客户三个关键部门紧密衔接，打破传统业务部门之间的壁垒，通过数据整合、流程优化和跨部门协作，促进业务全方位增长。

这支新团队的任务是实施、管理以及整合推动增长的企业前台应用程序。这些角色通常会直接向销售或市场营销团队汇报。这些团队高度专注于销售和市场营销流程端到端（End-to-End）的使能与演进。

阅读心得

10.3 潜在客户管理数字化案例

潜在客户可以有多种来源：虚拟和实体活动、网络表单、聊天解决方案等。这导致了信息的不同格式，以及细节和质量的不同水平。数字化平台通过直接与源系统集成，为团队提供机制来加载从活动或其他来源获得的潜在客户列表，解决了这一问题。

如果一家企业要通过潜在客户生成策略（Lead Generation Strategy）来推动增长，那么数字化就是必备工具。潜在客户响应时间（Lead Response Time）是实现价值最大化的关键指标。潜在客户的营销过程可能会涉及数十个应用程序，需要多个步骤记录潜在客户在其生命周期中的位置。每一步都需要进行导入、验证、清洗、去重、增强、评分、路由和归因。

整个潜在客户管理流程取决于潜在客户数据的质量，因此第一步是确保我们掌握潜在客户的所有详细信息。在将潜在客户记录输入 Marketo、Pardot 或 HubSpot 等 MAP 之前，应使用 ZoomInfo、Clearbit 或 Dun & Bradstreet 等账户/联系数据服务对其进行清理、丰富和转换。这些供应商首先会验证记录，以确认电子邮件的记录是否有效。如果记录有效数字化平台会将记录逐一发送到这些丰富化服务，并使用由此产生的数据在 MAP 中创建高质量的记录。一旦输入的潜在客户记录经过验证并以一致的格式标准化，就必须由其他系统（包括 Salesforce 等客户关系管理系统）进行检查，从而有效管理并其与账户进行匹配。

接下来，服务被用来执行高级的潜在客户和账户评分过程。在许多情况下，这个"超级评分"是基于几个不同的数据源而得来的，包括意向数据、企业人口统计学和先前企业的参与情况。

然后，潜在客户评分被用来确定优先级，并将潜在客户分配给合适的销售代表。数字化平台将通知并继续提醒系统中最常用的销售团队成员，以确保不错过潜在客户。

潜在客户管理数字化流程如图 10-2 所示。

阅读心得

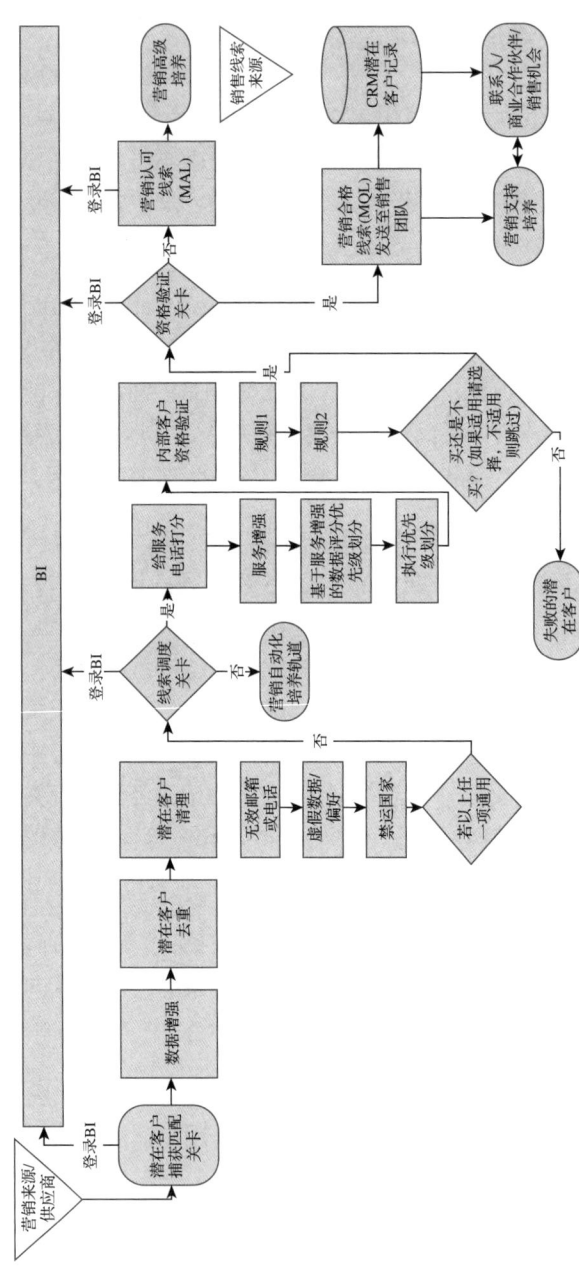

图 10-2 潜在客户管理数字化流程

这个流程涉及九个以上不同的应用程序，通常使用应用程序之间的本地集成连接在一起。一般公司假设销售代表在 CRM 平台的特定视图中跟进潜在客户。如果销售代表收到数字化提醒，这种方法的平均潜在客户响应时间通常在一天内。在严重的情况下，它们可能会延长至数周，或者完全错过。使用上述流程的数字化版本，可以在捕获后的五分钟内轻松联系到潜在客户。数字化可以跟踪销售代表的响应时间，如果一个潜在客户被分配并被忽略，那么该潜在客户可以被重新路由到下一个最佳销售代表，以确保快速响应。此外，可以通过多种方式通知销售代表，以确保将潜在客户放在首位。

数字化流程不是一夜之间建立起来的，往往开始时仅仅是为了解决复杂的潜在客户接收的问题。随着时间的推移，扩展到数字化触点及销售、客户支持乃至财务流程的工作。从最初关注的是数据的质量和确保流程从头到尾可靠地执行，到引入机器学习（ML）来做出更先进的潜在客户路由和优先级决策，从而更快、更个性化地接触到最有潜力的潜在客户。

10.4　企业前台的数字化创新

企业前台的数字化流程包含从营销活动管理到潜在客户管理，这是由最具创造力和积极性的团队实现的，他们勇于尝试新想法。正如我们在本书中提到的，让这些有创造力的人将他们的想法付诸行动至关重要。

- **寻找新的客户意图**。在流行疾病暴发时，面对面的会议、活动以及其他与潜在客户面对面互动的方式一夜之间消失殆尽。对于一个严重依赖这些互动以实现增长的初创企业来说，这种变化可能是灾难性的。幸运的是，其中一家初创企业与第三方公司合作，对第三方网站的客户意图搜索数据进行了数字化。每当客户或潜在客户开始在这些行业特定的网站上搜索时，Slack 都会立即提醒相关的销售和营销代表，从而使他们能够快速响应并采取有针对性的营销措施。最终，该企业以这种方式弥补了不能进行面对面互动的损失，在连续两个季度中达到了 110% 的目标。

阅读心得

- **利用 AI 呼叫分析自动生成后续行动建议**。Gong.io、Zoominfo 的 Chorus 或 Revenue.io 等工具利用自然语言处理（NLP）来分析销售通话的数据。这些数据可以被多种方式应用。例如，一家企业利用 Gong.io 检测到与即将推出的新产品相关的关键词时，会自动触发一个流程。考虑到销售代表可能对新产品还不够熟悉，当客户和潜在客户在对话中提及这些关键词时，相关销售代表会在 Slack 中收到消息，消息中附有链接，指向存储在企业销售使能平台上的建议后续内容。这样一来，即便销售人员在通话时未能提及该解决方案，他们也能在随后的电邮沟通中及时调整策略。销售人员对此表示赞赏，这种做法也确保了企业不错过任何机会。
- **AI 生成的通话摘要和现场更新**。记录通话和更新 CRM 平台已有长足进展，生成式 AI 有潜力将其提升到一个新的水平。生成式 AI 可以从例如 Gong.io 这样的工具中获取通话记录，并将其总结为对以后有用的关键 Salesforce 字段。这些字段可能包括：下一步是什么？讨论了什么用例？有没有提到任何竞争对手？虽然许多平台可能提供某种版本的此功能，生成式 AI 为企业提供了更大的能力。你可以设置边界，这些边界将定义 AI 的世界观。如果你使用的是公共模型，也可以提交部分数据以保护敏感信息。生成式 AI 还可以使用这些数据创建后续电子邮件和编写模板，并且数字化可以将邮件发送到 Slack 中的销售代表进行审批，然后再发送出去。
- **根据购买者画像自动分类职位**：企业中的职位名称可能各不相同，比如首席营销官、CMO、营销高级副总裁或营销主管等不同职位可能都有相同的职责。为了营销目的，企业可能希望将所有这些职位都归入"营销领导者"（Marketing Leader）的购买者画像下。过去，这可能需要在电子表格或营销数字化平台中手动完成，而生成式 AI 可以将其简化为"将所有有营销领导者头衔的联系人和潜在客户记录更新为营销领导者、购买者画像"。

企业前台的数字化使流程高效，增强了企业的整个营销、销售和客户支持工作，从捕获新潜在客户到扩大客户基础，以及其中的所有环节。企业前台的真正机会在于超越其边界，延伸到业务的其他部分。随着企业前台的

阅读心得

流程变得更加数字化，将它们与企业的其他部分连接起来将释放巨大潜力。

参考资料

1. Brinker, Scott, 2022, "Marketing Technology Landscape 2022: search 9,932 solutions on **martechmap.com**," *ChiefMartec*, **https://chiefmartec.com/2022/05/marketing-technology-landscape-2022-search-9932-solutions-on-martechmap-com/**.
2. Graham, Megan, 2022, "Average CMO Tenure Holds Steady at Lowest Level in Decade," *Wall Street Journal* (May 5), **https://www.wsj.com/articles/average-cmo-tenure-holds-steady-at-lowest-level-in-decade-11651744800**.
3. Lemkin, Jason 2022, "If Your VP Sales Isn't Going to Work Out—You'll Know in 30 Days," *SaaStr* (June 19), **https://www.saastr.com/if-your-vp-sales-isnt-going-to-work-out-youll-know-in-30-days/**.

阅读心得

第 11 章

The New Automation
Mindset

员工数字化体验

员工体验是人才争夺的新战场。

——雅各布·摩根（Jacob Morgan）

IBM 的前首席人力资源官戴安娜·格森（Diane Gherson）曾表示："如果我们对和我们一起工作的同事感到满意，我们的客户也会有同样的感受。"她进一步解释说："近三分之二的客户体验直接与员工的协作评分相关，善于协作的员工可提高客户满意度、工作效率和企业的盈利水平。"

通过数字化，我们有巨大的潜力提升员工的协作能力，让员工感到愉快，并提高生产力。

有必要构建无缝流程来支持整个员工旅程，并创造重要时刻。这样，我们不仅能让员工快乐，还能提高工作效率。

无论人们在哪里工作，都渴望工作是充实的。虽然数字化在某些方面具有巨大潜力，但这并非没有风险。人们都不希望像冷酷无情的自动售货机那样工作，而是渴望被重视和必要的人性化工作环境。

正如其名，数字化旨在提升体验。但由于体验的概念似乎模糊且难以衡量，从而难以引起企业领导的重视。这也正是企业的数字化是否成功的关键因素之一。那些重视员工体验和数字化的企业，使得数字化成为一种赋能员工的文化，使得员工自发地愿意为企业奉献更多的努力和智慧。这意味着企业会越来越成功。

消除员工体验的模糊性很重要。利用员工反馈来确定他们日常工作体验的改进领域，是迄今为止的最佳方法。这将像"我对我的工作不满意"这样的主观感受转变为像"我的假期请求从未能及时获得批准，因此，我无法自信地制定假期计划"这样的可行和可测量的结果。我们现在已经从一个模糊且无法解决的问题转变为我们可以通过数字化来解决的问题，利用员工反馈将员工体验和感受转化为可行的改进措施，对于数字化员工体验至关重要。

阅读心得

11.1 令人愉悦的数字化体验

这里给出改善员工体验的三个策略：文化、技术和流程，以创造愉悦的员工体验。当然，这三者也需要相互结合。下面以人才招聘为例进行说明。

- **文化**。在人才招聘过程中，企业文化可以通过多种方式传递。它可以体现在共同的价值观、对潜在员工特别的待遇，或者面试官传递的信息和方式上。我们可以利用数字化技术来加强招聘流程中的文化元素，比如，向所有进入招聘流程的候选人发送数字化的手写感谢信（这是真实存在的），或面试官在面试前可提前收到需要传达的企业价值观的提醒。手写感谢信的例子可能会让你感到疑惑，因为这似乎与数字化不太相符。记住，数字化的过程并不意味着缺乏个性化，也不意味着没有人参与这些过程。它仅意味着在正确的时间和地点这些过程能够始终如一地执行。
- **技术**。随着企业的对人才的多样性需求越来越多，面试候选人管理解决方案变得越来越复杂，企业高管和管理者需要登录相关工具来填写面试评分卡、提交招聘请求或批准职位，这导致了糟糕的体验。近几年，招聘在技术实现上有了很大的发展，从而可以将这些工作用数字化技术实现，比如移至微软团队（Microsoft Team）或 Slack 中，这样他们的互动将是快速而令人满意的。
- **流程**。我们在谈判和签署录用通知书过程中所采取的步骤，对于确保吸引到有重大影响力的人才至关重要。为了确保少数候选人不会因为流程延误而接受竞争对手的录用，我们可以努力缩短完成录用通知书的审批时间。始终如一地执行的流程还有助于消除那些干扰招聘的无意识的偏见或偏袒行为，这将带来更富有成效的结果，比如员工队伍的多样性和为职位招到最佳候选人。

图 11-1 给出了员工数字化体验的流程层级图，展示了高业务价值和高度可视化的流程。这种结合充分体现了员工数字化体验的价值。

阅读心得

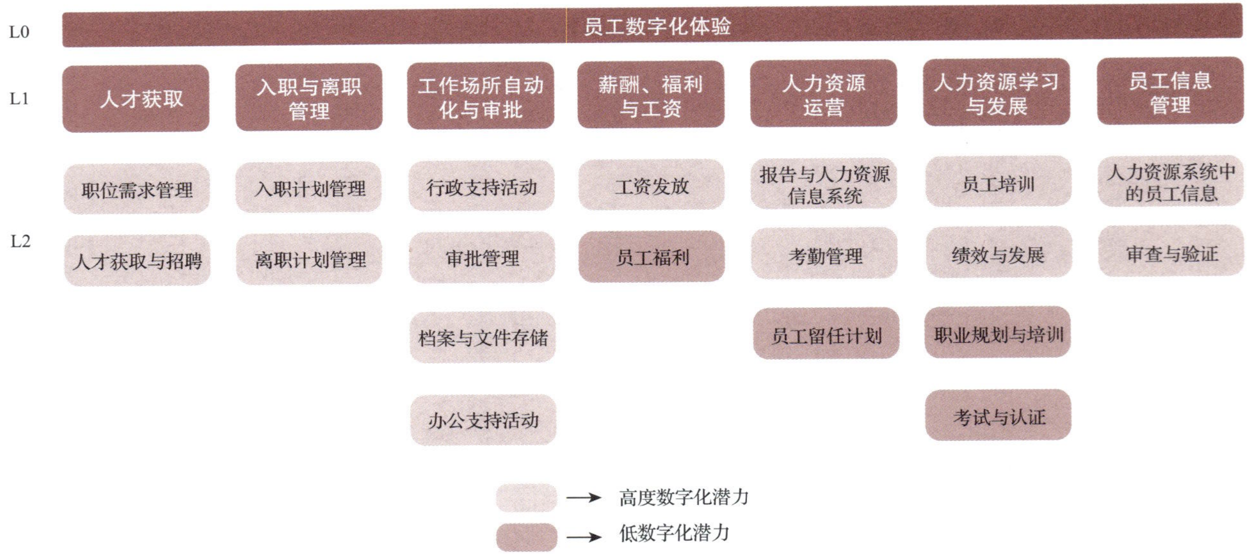

图 11-1 员工数字化体验的流程层级图

L0：员工数字化体验

L1：
- 人才获取
- 入职与离职管理
- 工作场所自动化与审批
- 薪酬、福利与工资
- 人力资源运营
- 人力资源学习与发展
- 员工信息管理

L2：
- 人才获取：职位需求管理、人才获取与招聘
- 入职与离职管理：入职计划管理、离职计划管理
- 工作场所自动化与审批：行政支持活动、审批管理、档案与文件存储、办公支持活动
- 薪酬、福利与工资：工资发放、员工福利
- 人力资源运营：报告与人力资源信息系统、考勤管理、员工留任计划
- 人力资源学习与发展：员工培训、绩效与发展、职业规划与培训、考试与认证
- 员工信息管理：人力资源系统中的员工信息、审查与验证

图例：
→ 高度数字化潜力
→ 低数字化潜力

阅读心得

1. 新员工入职

新工作的良好开端对于高质量的员工体验至关重要。新员工都渴望尽快进入角色并发挥作用。因此，从第一天起企业就要为他们配备工作所需的数字化工具。这对帮助他们取得成功、减少流失和培养理想的工作文化大有裨益。

对大部分企业来说，每周只能完成有限数量的新员工入职培训。然而，半导体企业博通（Broadcom）由于是通过并购的方式运营，有时需要在几天内为多达 15000 名新员工办理入职手续，这意味着要为如此庞大数量的新员工配备笔记本电脑、应用程序许可等工作，这绝非易事。

尽管不是每家企业都有如此大规模的入职需求，但每个人都可以从博通这家企业多年来优化的流程中学习员工数字化体验的实现。该企业已从烦琐的电子表格过渡到完全数字化的方式，从而可以实现规模化运作其新员工入职的数字化流程。

对于博通来说，一旦在 Workday 中创建了新员工记录，动作序列就会通过 API 立即触发，随后的配置工作在几分钟内完成。由于一次要处理成千上万的记录，额外的步骤，特别是手动步骤，是完全不可行的。

为了在身份管理平台 Okta 中创建每一个员工单点登录的新账户，博通的人力资源部门选择上传一个大型的姓名电子表格，或者逐一输入姓名。虽然这个功能在员工数据被输入 Workday 后立刻生效，但在开始日期前七天，则是不生效的。这样，该部门就可以根据需要提前开展工作，而不必担心新员工过早获得不适当的信息。有时，新员工最终并没有入职，而人力资源部最初提供的姓名也就不再需要了。

人力资源部门还在流程数字化中构建了替代路径来应对以下情况。

- **撤回 / 未到场**。如果工作邀约被撤回或者某人未按时上班，该部门需要能够迅速撤销所有的权限分配。
- **重新雇用**。为再次入职的员工恢复以前的员工记录。

阅读心得

- **有针对性的个性化服务**。为入职高级管理职位的新员工或其他需要提供个性化服务的新员工，提供 VIP 级别的个性化入职服务。

新员工的主管有权最终开通并确定新员工在身份管理平台 Okta 的新账户及权限级别。一旦主管通过点击屏幕上的"配置"按钮批准后，一封欢迎邮件便会自动发送到新员工的个人邮箱，里面包含了如何开始职业旅程的指导。

博通的新员工体验到的是一个流畅且快速的入职体验，这得益于数字化的赋能。新员工可以从第一天开始专注于他们的任务。在大规模情况下，当企业一次性入职数千名员工时，生产力的提升是非常显著的。

博通创造的这种积极的员工数字化入职体验，有助于为员工在企业中的职业生涯奠定良好的发展轨迹。这种让员工感到受欢迎、受到关怀和获得赋能的数字化流程，创造了一种卓越的企业文化。

2. 减少低价值和重复性工作

本案例聚焦于数据中心和数字基础设施领域的领先企业 ConnectCo。与许多企业一样，ConnectCo 意识到，通过减少团队低价值和重复性的工作，可以显著提升员工在日常运营中的体验。

ConnectCo 的数据分析与产品管理部门的负责人了解到，每天平均收到大约 3 万封服务类电子邮件的这类烦琐工作打击了员工的士气。这些邮件可能需要不同团队的协助，因此需要对请求的工作类型和优先级进行分类处理。多个团队成员必须阅读每一封刚收到的邮件，并创建相应的工作指令，确定正确的优先级和团队分配。这是一项极端重复性的工作，不仅消耗了员工的宝贵时间，还让员工感到精疲力尽，会让他们对自己的工作不满意。这类职位的高离职率往往是由于糟糕的工作体验造成的。

问题还在于这些任务不仅仅是简单的数据输入，而是涉及分析和决策的高阶职能，显然这并不是一般员工能应对的。ConnectCo 的管理层决定对这

阅读心得

类任务进行数字化。ConnectCo 通过利用机器学习模型来对每个请求进行分类或标记,包括请求的工作类型、优先级以及需要处理此类请求的内部团队名称,而不是依赖人工分析和路由每个请求。数字化过程如下。

- 一旦客户支持邮箱收到新邮件立即执行。
- 使用发件人邮箱的域名从客户关系管理(CRM)系统中查找客户记录。
- 将电子邮件正文的文本发送给机器学习模型。
- 从机器学习模型中获取分类结果(工作类型和优先级)。
- 如果机器学习模型的置信度较高,就在服务管理系统中创建一个工作指令。如果置信度不高,则将请求路由给团队进行人工分类。

任何需要手动路由给团队以进行分类的请求都会被机器学习模型自动"学习"。这意味着随着时间的推移,模型的准确性持续提升,越来越多的请求得到完全数字化处理。

随着 ConnectCo 从这种高度重复性的工作中解放出来,仅处理偶尔的异常情况,他们得以承担新的、有意义的项目。

3. 跨地域员工入职

跨国企业拥有庞大的工作队伍和许多办公地点,其中一些最关键的工作流程/功能在人力资源部门中进行。这包括工资发放和包括合同工在内的员工入职以及影响员工体验的关键方面的资源规划。一家全球性的叫车企业也面临着同样的情况。

该企业的新司机在其全球运输管理平台上的入职流程需要在四个不同系统之间进行耗时的手动数据输入,这造成了不一致性,并对企业扩展规模的能力构成了巨大的问题。这成为企业追求全球扩张愿望的主要障碍。该企业认识到解放员工从无聊的手动任务中解脱出来,可以节省时间,减少成本,优化工作流程,增加营收。

但是,该企业不仅面临着这些业务问题,还存在着其数据底层的技术难题。

阅读心得

数据散落在电子表格和多个后端系统中，这使得从司机数据中获取洞察非常困难。因此，该企业使用 Salesforce 软件，借助低代码数字化平台快速同步数据到其余系统，并进一步数字化了端到端的司机入职流程。在接下来的一年内，企业招募了约 6000 名司机。数字化减少了与司机入职相关的手动工作量，相当于每年节省了 160.5 个工作日。此外，这种努力的减少几乎消除了他们的积压工作。激活司机不再有延迟，团队现在可以招募更多的司机，企业也可以积极扩大其业务规模。

这种数字化对员工体验的多个方面都产生了影响。团队回收的带宽让他们能够专注于解决司机的问题以及更快地响应服务请求，从而极大地提升了司机在企业的工作体验。

该企业复制了司机入职数字化的整体成功经验，应用于更大且更复杂的客户入职案例。运营流程的简化和令人愉悦的数字化体验，使该企业成功迈向新的全球市场。

11.2　员工数字化体验的创新

- **用数字化工具在员工的里程碑时刻送出礼物**。一家企业与礼品供应商 Snappy Gifts 建立了数字化整合系统，自动为每位员工在重要的里程碑时刻（包括生日、工作周年和家庭新增成员）发送礼物。例如，如果某位员工在日历年度中首次计划休产假，他们将收到一份恰当价格的、经过深思熟虑的礼物选项列表。为了确保送礼不显得不人情味，团队还自动向每位员工的经理发送通知，提醒他们祝福团队成员，同时建议他们在生日和其他特殊场合放松一下。
- **将员工与志愿服务机会匹配**。Atlassian 基金会有大量需要志愿者帮助的志愿服务需求。他们发现，大多数企业员工不仅愿意，甚至还热情于抽时间回馈社会，这就需要将员工的意愿与 Atlassian 基金会的志愿服务机会进行对接。一家企业在内部做了一个有关志愿者服务的数据调查，包括志愿服务的可用时间和技能。然后，该企业运用数字化工具将这个调查结果与 Atlassian 基金会的需求进行对接。结果使得有志愿服务意向的员工能够以有意义的方式做出贡献。这不仅提高了员工士气，提升了他们对企业的看法，而且还为世界上有意义的事情做出了真正的贡献。

- **推动新员工的导师计划**。无论是新员工还是资深员工，寻找合适的导师以便学习指导都是常见需求。为此，一家企业开发了一个导师机器人，此机器人旨在将愿意并且能够提供辅导的员工与寻求辅导的新员工进行匹配。该计划不仅适用于新员工入职的首 90 天，作为一种伙伴关系支持，也适用于企业的现有员工。通过一个 Slack 机器人，员工可以请求导师，并在新员工入职过程中定期接收到提醒，这个提醒包含了定期安排与新员工的一对一的当面沟通、企业希望每位员工了解的核心主题、将团队成员介绍给企业的其他关键人物。

- **数字化学习与发展**。企业可以通过机器学习算法分析员工的相关数据来制定个性化的培训路径。例如，如果销售代表的销售电话总是打得很短，生成式人工智能就可以在公司的培训平台上为他们设定一个学习路径；如果客户成功经理从客户那里得到的满意度打分反馈低于平均水平，就可以引导他们学习专门针对客户服务的培训路径。这些都能在员工最需要帮助的领域提高他们的技能，并最终提高他们的工作满意度。

11.3 未来的工作空间

未来的工作空间是什么样子？谁也无法得到一个准确的答案。目前我们可以在办公室工作，也可以在家工作，甚至在共享办公空间工作。

但有些事情是清晰的。未来的工作空间将涉及每位员工必须使用的数十种软件应用程序，这个列表还在不断增长。随着我们更有意图地构建数字化工作流程，他们会在工作中找到更多的满足感。

除了我们可以采取的所有流程和数字化以直接改善员工体验外，实际上在提高企业实施管理者的数字化认知对团队士气、创造力以及他们将欢乐带入工作中的能力都有惊人的影响。给予团队改变和提高完成工作方式的自

阅读心得

由，可以显著提升员工的工作满意度。

参考资料

1. Burrell, Lisa, 2018, "Co-Creating the Employee Experience," *Harvard Business Review* (March), **https://hbr.org/2018/03/co-creating-the-employee-experience**.
2. Sull, Donald, Charles Sull, and Ben Zweig, 2022, "Toxic Culture Is Driving the Great Resignation," *MIT Sloan Management Review* (January 11), **https://sloanreview.mit.edu/article/toxic-culture-is-driving-the-great-resignation/**.
3. *Harvard Business Review*, 2022, "Rethinking Your Approach to the Employee Experience," (March), **https://hbr.org/2022/03/rethinking-your-approach-to-the-employee-experience**.

阅读心得

第 12 章

The New Automation
Mindset

客户数字化体验

客户总是需要更好的产品。为了更好地服务客户，企业需要不断创新。

——杰夫·贝索斯（Jeff Bezos）

众所周知，服务客户是企业的首要任务。客户体验决定了客户是成为企业品牌的推广者还是反对者。企业如何看待客户体验是客户体验的关键。因此，创造并专注于良好的客户体验是企业的明智之举。

随着市场越来越倾向于赢家通吃，客户体验是竞争差异化的主要战场之一。

12.1 以人为本设计客户数字化体验

在确定要客户数字化体验的内容和方法时，我们必须将重点放在数字化设计的核心人物——客户和员工上。对于数字化操作要基于客户和员工希望的互动的方式来进行。如果我们理解了他们想要的互动方式，那么我们就可以设计出与这些需求最为匹配的数字化，同时也符合企业可以支持的方式。

客户数字化体验由企业和客户之间的关键接触点组成。这包括客户服务功能、管理客户数据、市场营销和业务活动。

1. 客户服务门户

大多数企业的产品都是复杂产品，而那些大型跨国企业则有成百上千种产品。尤其对于那些业务模式涉及并购来实现增长的企业，产品线的复杂性就会增加。如果销售团队不得不不断学习和理解新的产品线，那么为客户提供正确的数据就会成为一个挑战。

图 12-1 给出了客户数字化体验的层级。产品或服务的数据对于客户体验至关重要。无论客户处于购买过程的哪个阶段，准确的产品数据对他们的决策都是重要的。处在对产品的认识阶段的客户可能想知道产品的尺寸，处在考虑是否购买阶段的客户可能更关注订单处理速度。

阅读心得

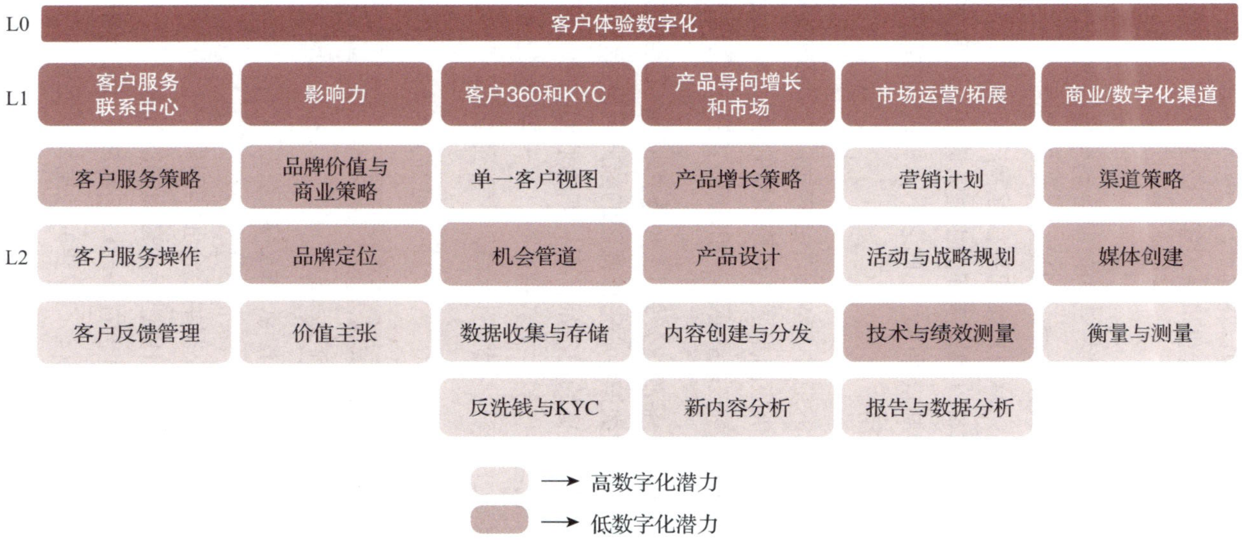

	客户体验数字化				
L0	客户服务联系中心	影响力	客户360和KYC	产品导向增长和市场	市场运营拓展	商业数字化渠道
L1	客户服务策略	品牌价值与商业策略	单一客户视图	产品增长策略	营销计划	渠道策略
	客户服务操作	品牌定位	机会管道	产品设计	活动与战略规划	媒体创建
L2	客户反馈管理	价值主张	数据收集与存储	内容创建与分发	技术与绩效测量	衡量与测量
			反洗钱与KYC	新内容分析	报告与数据分析	

→ 高数字化潜力
→ 低数字化潜力

图 12-1 客户数字化体验层级

阅读心得

这里分享一家大型跨国企业通过建立客户门口来改进客户体验的案例。该企业为全球许多食品加工商提供机械设备，该企业的主产品数据可能存在于多个来源，并分散在几十个系统中。

在产品设计的各个阶段，关于产品的数据分别存储在各种计算机辅助设计（CAD）、模拟和软件开发系统中。单是这些工具的清单就足够让人头晕目眩了。为了增加复杂性，解决方案都是根据客户需求量身定制的——因为我们谈论的是足够大到可以填满房间的机械。因此，配置文件和客户尺寸数据也存储在不同的定制软件中。在此之上，机械交付时的装配指导文件又存在于另一个软件应用中。

只有完成了这些定制化的组件，数据才会对我们大多数人熟悉的应用程序堆栈变得相关。但问题供应商是通过收购操作的，因此他们与多个 ERP（企业资源规划）、CRM（客户关系管理）和跨部门的服务管理工具合作。

该企业设想了一个"产品高速公路"（见图 12-2），它会在产品生命周期中捕捉数据，最终在主数据中心形成最终的数据记录。终极目标是每个产品都有一个包含所有数据的主产品记录。如果他们能构建这样的记录，他们就能创建一个包含一切的中央数据中心，而一旦围绕主数据中心构建了 API（应用程序接口）层，它就可以保持所有不同的 ERP、CRM 和其他系统的最新状态。

创意到市场	市场到订单	订单到收款	售后服务
计划　设计	验证　布局	配置　生产　组装	安装　服务

图 12-2　产品高速公路

或许更重要的是，从这个主数据中心企业能创建一个客户门户。那个简单门户——单一接触点是他们销售过程中最重要的元素。在门户背后，需要将极其复杂的工具和数据库混合在一起，但客户无须知道所有这些复杂性的存在。他们关心的只是获取他们需要的数据，以便做出关于购买新食品加工产品的决策。

阅读心得

在这种情况下，完全数字化的体验显得最为合理。让客户与销售代表交谈——销售代表需要在企业遍布的众多工具中寻找数据，最终可能还会提供不准确的信息，这不是一个可行的方法。此外，在这个行业中，买家可能并不想打电话给销售部门仅仅为了了解一些平凡的产品细节。

产品中心大获成功，客户参与度显著提高。该门户让客户能够查找并最终更快地接收到新产品部件，保持他们的操作顺畅进行。这也是一个竞争优势，因为其他食品设备制造商没有提供这种信息丰富的自助服务体验。客户转向竞争对手购买设备的可能性现在几乎不存在。

尽管该项目是为了改善客户体验而开展的，但最终提升了整个企业。现在，从产品经理到工程师再到设计师，无论他们查看哪里，都能依赖一致的、高质量的数据。有了一个主数据中心，整个组织都能从数据的准确性中受益——而且客户体验有可能在不止一个方面得到提升。

2. 顺畅的用户注册流程

对于一家领先的汽车租赁企业来说，流畅的客户体验是助力业务增长的重要能力，顺畅的用户注册流程是基础。然而，实际情况却大相径庭，客户需要通过第三方提供商预订租车服务，而这些第三方提供商未能转交相关的预租赁信息，因此往往该企业不得不重复向客户搜集信息，导致顾客需要等待很久。

该企业希望通过提前获取预租赁信息（通过电子邮件和短信方式），来加快汽车租赁过程，同时简化 ERP、CRM、业务分析和客户服务工单系统等不同系统之间后端流程的复杂性，创造更好的员工体验。

为了提升客户体验，解决方案是运用数字化技术全程简化客户服务流程（见图12-3）。这彻底消除了流程中的冗杂，客户和他们的团队节省了大量时间，从而增加了客户的留存率。员工有了更多时间关注提供高质量服务，而不仅仅是收集信息。这通过一个无接触的签到过程增强了整体的客户体验，等候时间从一个小时缩短到了几秒钟。

阅读心得

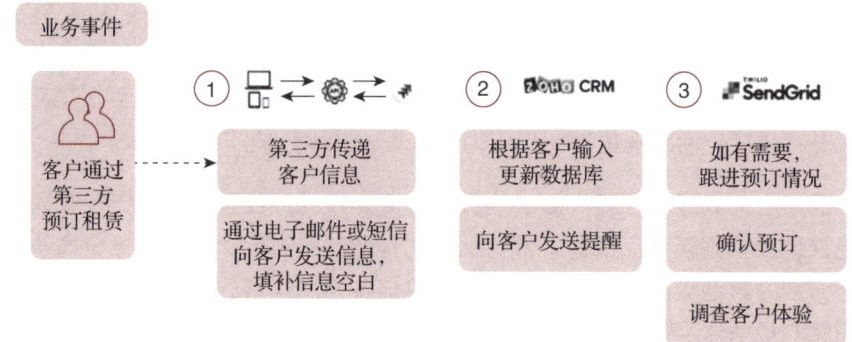

图 12-3 简化客户服务流程

12.2 全客户旅程的数字化

每家企业都在不断优化客户旅程,利用数字化改善客户旅程的每一个阶段。让我们逐一看看。

1. 认知阶段

从客户访问企业网站开始,就有很多方法可以优化潜在客户的体验。例如,一个规划良好、能针对潜在买家(这对于销售周期较长的产品至关重要)发声的网站,结合易于使用的聊天机器人(Chatbot),可以帮助精准识别受众的需求。市场数字化可以系统性地将用户与组织内特定的负责人或内容联系起来,随着时间的推移培养这些潜在客户,进而驱动个性化沟通,并在客户心中牢牢树立品牌形象。其他的数字化可能包括以下两点。

- **动态内容**。动态网页内容,以适应客户的兴趣和需求。我们不能用一套通用的网页内容来吸引每个人。根据个人需要,量身定做适合客户个人的网站,动态调整和呈现内容或想法,可以极大地改善他们的体验。
- **自助服务**。自助服务机制安排后续电话会议、演示或信息会议。填写表格然后将其送入一个无底洞并不是一种好的体验。能够立即采取行动安排下一步则是一种更好的体验。

阅读心得

2. 考虑阶段

当客户进入考虑阶段时，他们的需求通常会变得更加明确。通过分析与客户的沟通内容和他们的互动行为（包括打开的电子邮件、浏览的网站链接等），网站上的工具使用（计算器／情感投票）以及对一些"简答问题"的答复，您与客户的沟通可以变得更加具体和量身定制。我们拥有的数据越多，数字化创新就越多。

- **即时回答**。使用诸如聊天机器人或数字化机制的工具为客户问题提供即时答案，这些工具可以迅速将潜在问题与内部正确的专题专家联系起来。当客户有问题时，他们希望立即获得高质量的答案。
- **建立联系**。每位客户都想了解其他客户的反馈。利用数字化技术将客户与先前的客户评价、案例研究，甚至直接与其他客户交流相连，可以迅速增加他们的信心。

3. 购买阶段

合适的数字化技术可以让客户的实际购买过程更加顺畅。数字化步骤，如多级审批工作流程、沟通特定角色的福利以及为个别用户设定的条款和条件，对购买组织有帮助。以下是购买阶段的一些其他示例。

- **数字化促销**。购买东西时发现，如果你输入了特定的代码或点击了不同的链接可以节省一些钱，这是非常令人沮丧的。自动显示促销代码、优惠或其他福利可以增加客户信任并改善体验。
- **合同管理数字化**。对于B2B企业而言，它们经常需要处理合同、法律条款以及修订稿（Redline）。这个过程有时可能会耗费数月之久。利用数字化技术可以简化提醒流程、团队之间的正式审阅交接、会议安排以及最终签字环节。
- **数字化履约**。客户在购买后渴望尽快收到新产品或服务。通过即时通知、立即发送欢迎信息／安排欢迎会议、尽可能快速地让顾客接触到产品／服务，并分享额外信息帮助他们开始使用，可以实现购买履约的数字化。

4. 保留与忠诚度阶段

获取客户需要付出艰辛的努力。因此，保持客户的忠诚度是首要任务。通过各种渠道为用户集成定制化沟通可以确保持续的参与度。你可以利用这种多渠道沟通向客户提供新产品和即将推出的产品的预告，或者根据客户的资料针对特定客户推出相关优惠。这种个性化的参与方式可以提升你的交叉销售能力并建立客户忠诚度。一些可能的数字化包括以下几点。

- **个性化推荐**。我们可以提醒客户注意新产品、服务或从他们现有购买中获得更多价值。这些建议可以基于客户之前与企业的互动数据以及简单的机器学习模型生成。

- **识别陷入困境的客户**。监控支持请求数据、客户社区、退货、支持网站访问、调查结果，甚至是社交媒体活动，可以识别出在与企业互动中体验不佳的客户。帮助这些客户可能会带来最有影响力的客户体验。在客户最需要帮助的时候给予援手，可以创造企业的终身推广者。

- **自动识别和对忠诚及高价值客户的 VIP 待遇**。客户清楚自己的忠诚何时为企业带来了显著的益处。同时，他们也期望得到相应的认可。数字化技术可以帮助您识别这些客户，并在他们的整个服务过程中提供 VIP 级别的待遇，如缩短等待支持的时间、自动赠送礼品、发送个性化的感谢信、提供折扣等。主动地对这些客户表示认可，能够激励他们持续的忠诚并推动业务增长。

5. 声誉与倡导阶段

客户体验定义了客户如何感知一个组织。有意义的体验可以培养忠诚度，促进倡导并提升品牌声誉。数字化工具能够确保及时、一致地通过多渠道与顾客沟通，优化流程，直接影响客户与品牌的互动和体验。倡导者是忠诚和重复的购买者，他们能够独特地放大品牌声誉，鼓励他们的同伴使得产品更广泛地被采纳，并在市场上成为影响者。在这个阶段，客户有机会与外部利益相关者分享他们的反馈。一些值得考虑的数字化工具包括以下几种。

阅读心得

- **数字化企业或产品评论**。简化客户分享关于产品或企业反馈的过程。举个例子，我以前从不会在苹果应用商店评价任何应用。然而，当应用中弹出一个框，我只需简单点击一个星级评分，我就非常愿意提供我的反馈。这个过程变得简单因而有助于传播客户的口碑。
- **自动监控社交媒体以识别支持和反对企业、产品或服务的人**。主动与这些人交流可以显示出企业在听取人们的正面反馈、关切或问题。这可以改变人们对企业的感知，从一个无名的实体转变为一群关心客户的人。

数字化是解决所有客户体验问题的灵丹妙药吗？当然不是！一般来说，当企业对客户及其需求的洞察在各个部门都有很好的理解时，数字化的效果最佳。那些能够促使企业不同团队、不同系统以及孤立的数据联合起来，以便在客户需要的时候提供所需服务的数字化通常最为有效。从客户的旅程出发，识别他们遇到的不理想体验通常是个好的起点。如果他们寻求更快、更个性化、更现代或者更连贯的体验，数字化往往就是答案。

参考资料

1. *Gartner*, 2022, "Gartner Says Most Customer Experience Programs Are Not Delivering on the Promise of Improving Differentiation and Helping Brands Better Compete," (May 10), **https://www.gartner.com/en/newsroom/press-releases/gartner-says-most-customer-experience-programs-are-not-deliverin**.
2. *Deloitte*, n.d., "Customer Experience Is Dead," last accessed January 10, 2023, **https://www2.deloitte.com/mt/en/pages/strategy-operations/articles/mt-consulting-article-customer-experience-is-dead.html**.
3. Chieng, Ronny, 2019, "Ronny Chieng, Asian Comedian Destroys America!" *Netflix*, **https://www.netflix.com/title/81070659**.

阅读心得

第 13 章

The New Automation Mindset

供应商的运营数字化

单枪匹马,杯水车薪;同心协力,其利断金。

——海伦·凯勒(Helen Keller)

几乎每家企业都需要与供应商合作。比如,企业需要采购制造所需的原材料,利用外部服务提供商或依赖合作伙伴来支持其业务的其他部分。企业与供应商的业务合作是开启数字化的绝佳机会。

当前,商业运营模式、地缘政治和区域法规不断变化,商业环境也随着供应链中断和新进入市场的玩家而波动。这种不稳定的环境导致企业需要不断演变其业务流程并适应新趋势,以获得并保持竞争优势。

13.1 供应商的运营数字化层级

供应商的运营数字化包括采购、物流、物料管理和制造四个方面。这些过程在不同行业之间的具体情况各不相同。然而,在大多数企业中,供应商的运营数字化层级包括:①供应商管理信息;②采购与支付;③制造、库存与物料管理;④退货管理;⑤资产运营与管理;⑥供应链与物流。具体如图 13-1 所示。

许多主要的航运企业开始为集装箱配备物联网跟踪设备,以对货物实时位置有更精确的定位。这些新技术还产生了大量有关货物运输的数据。未来,这些数据可用于创建更高效、更环保的可持续供应链。

随着企业的敏捷性和响应能力越来越重要,越来越多的企业开始寻求在基于云的应用程序和技术开展和运营业务,导致在这一领域数字化投资的增加。在哈佛商业评论进行的最近一项相关调查显示,未来两年内加速在供应商和运营流程中采用数字化。43% 的企业将数字化更多的供应商信息,37% 的企业将扩展对其供应商基础的数据分析能力,35% 的企业将引入数字技术以改善与内部采购相关方的协作,33% 的企业将引进数字技术以改善与供应商的协作。

阅读心得

图 13-1 供应商的运营数字化层级

在图 13-1 中的供应链都有两个流向：一个是货物和物料的流动，另一个则是数据和信息的反向流动。在货物从发送方发送到接收者过程中，每一步的信息都会反馈给发送方。

13.2　供应商的运营数字化创新

这里讨论的供应商的运营数字化是基于贯穿每家企业的共同点。但是，我们不能忽视在此过程中产生的独特想法和灵感，这促使了供应商的运营数字化产生变革和发展。

- **将合作伙伴营销数字化以推动增长**。一家依赖合作伙伴／渠道销售以推动收入的企业，正在寻找确保他们的产品在合作伙伴中占据领先地位的方法。该企业的营销团队意识到，如果合作伙伴像企业客户一样经常接收到营销信息，则合作伙伴就会助力推广企业产品。因此，该企业建立了营销数字化流程，根据合作伙伴的表现和其他数据（这些数据被记录在客户关系管理系统中），个性化地向合作伙伴发送营销信息，使得该企业一年内将合作伙伴创造的收入提高了 33%。
- **自动化更换寿命终点零件**。一家使用 POS 机的企业注意到，它们从第三方供应商处采购的信用卡读卡器大约有两年的使用寿命。一旦开始接近使用寿命终点，读卡器就会开始误读信用卡，顾客需要多次刷卡才能完成购买。幸运的是，POS 机会产生读取错误警报，该企业可以利用这一点触发向供应商订购新 POS 机的订单，随后自动生成 UPS 标签，供应商直接将新 POS 机邮寄给该企业。最终结果是，该企业及时收到 POS 机，并且供应商关系得到了如此流畅的简化，以至于只有最严重的异常需要团队介入进行处理。
- **供应链优化**。利用生成式 AI 技术可分析来自供应商、物流提供商和其他来源的数据，以优化运输路线、缩短交付周期并提高整体供应链效率。随着物联网在集装箱、运输和现场变得更加普遍，AI 算法可以帮助企业优化库存管理，包括预测需求、跟踪库存水平和自动重新订购供应品。

阅读心得

13.3 供应链的数字化

供应链的数字化包括以下几点。

- 实时端到端的供应链可视性。
- 供应链的风险管理。
- 删除不准确的数据并进行报告。
- 整合脱节的系统和流程。

1. 无缝、自助式退货

在当今时代，优质的电子业务体验是客户体验的重要组成部分。随着亚马逊继续在这一领域为客户的期望设定标准，其他品牌需要找到创造性的方法来实现差异化。客户希望快速收到购买的商品，并期望获得优质的支持服务和无条件的退货流程。

在支付、商品列表、网店、退货以及其他关键流程方面，企业有许多平台可供选择。随着电商业务的增长，企业早期选择的应用程序可能已不再适合现在的业务规模。世界上最大的直销消费电脑配件企业之一 × 公司发现自身正处于这样的困境中，其退货流程出现了严重问题。该公司的产品有销售键盘、鼠标、网络摄像头和其他计算机配件等。客户的退货流程必须致电服务热线，还要应对烦人的语音提示并长时间等待，这并不是一个良好的沟通开端。当客户继续与员工交谈时，他们发现多年前设计的退货授权管理解决方案并不完善，客户的这种问题体验还在继续。

这家公司有成千上万种产品，而每种产品相对简单。然而，问题非常类似——分散的数据库、庞大的数据记录量，以及短时间内数据快速变化。这导致客户的退货信息会在构成后端的大量应用程序和数据库中丢失。

客户追求的是数字化体验，他们并不想拨打服务热线，耐心等待接线员接电话，然后还要花费 15 分钟时间来详述产品名称、购买日期、序列号、交易 ID 等一系列信息。企业需要提供客户所期待的服务，那就是一个易于使用的在线门户网站,在这里,他们可以在几分钟内提交退货请求。

将这样一个关键流程进行根本性改变,对客户体验有着巨大的影响。如此规模的供应商每天都要处理数以千计的销售交易。

哪怕是一天或三天的业务中断,都有可能成为社交媒体上的热议话题,登上新闻头条,并导致重大的收入损失,风险极高。

该企业的退货授权管理解决方案是在 Salesforce 服务云中用定制代码构建的。这项技术无法完全实现企业所需的解决方案,因此该企业开始寻找其他选择。Zendesk 与该企业改善客户体验的退货物料授权目标很匹配,并且能够处理庞大的产品库存。此外,该企业预计因更换软件即服务(SaaS)提供商将节省数百万美元的许可费。

支持端到端 RMA 流程的系统包括以下几种。

- Zendesk:主要的电子业务平台。
- 产品注册管理:客户可以注册其设备的工具。
- RMA 管理:用于跟踪和处理客户退货。
- 服务管理:呼叫中心解决方案等,用于支持员工。
- 产品数据库:每个库存单位(SKU)的丰富产品详情。
- 甲骨文电子业务套件(Oracle E-Business Suite):客户记录、库存管理。
- UPS:用于标签、运输和跟踪的合作伙伴。
- TransferWise:用于资金转账、报价和退款的合作伙伴。

这些解决方案中要么从一开始就使用定制代码,要么为了满足业务的独特需求而进行了大量定制,因此是不存在"开箱即用"的解决方案。

该企业实现了一个数字化平台来从端到端执行这一过程。这使得客户可以通过网站提交他们的退换货请求,其余所有步骤都自动执行。这包括查找产品、验证保修、生成发货请求、跟踪状态以及处理异常情况。

这个新的数字化解决方案的实施非常顺利。原本计划需要九个月的时间,

阅读心得

结果只用了九周。这在很大程度上是因为企业选择了一个低代码的编排层（见图 13-2），因此能够民主化开发并快速迭代解决方案，大大缩短了实施时间。客户无缝地开始利用新门户进行退换货申请，他们甚至没有意识到这个过程已经在一夜之间彻底改头换面了。要退货或换货的客户只需通过一个简单的表格在线提交退货请求，退货信息将自动通过电子邮件发送给他们，顾客可以寄回有缺陷的产品，并通过快递收到替换品。不需要打电话、不会丢失请求、也不会有令人沮丧的等待。这些顾客下次想买键盘或鼠标时，他们更有可能再次选择这家制造商的产品。他们知道，如果出现问题，企业会提供一个无压力的帮助体验。

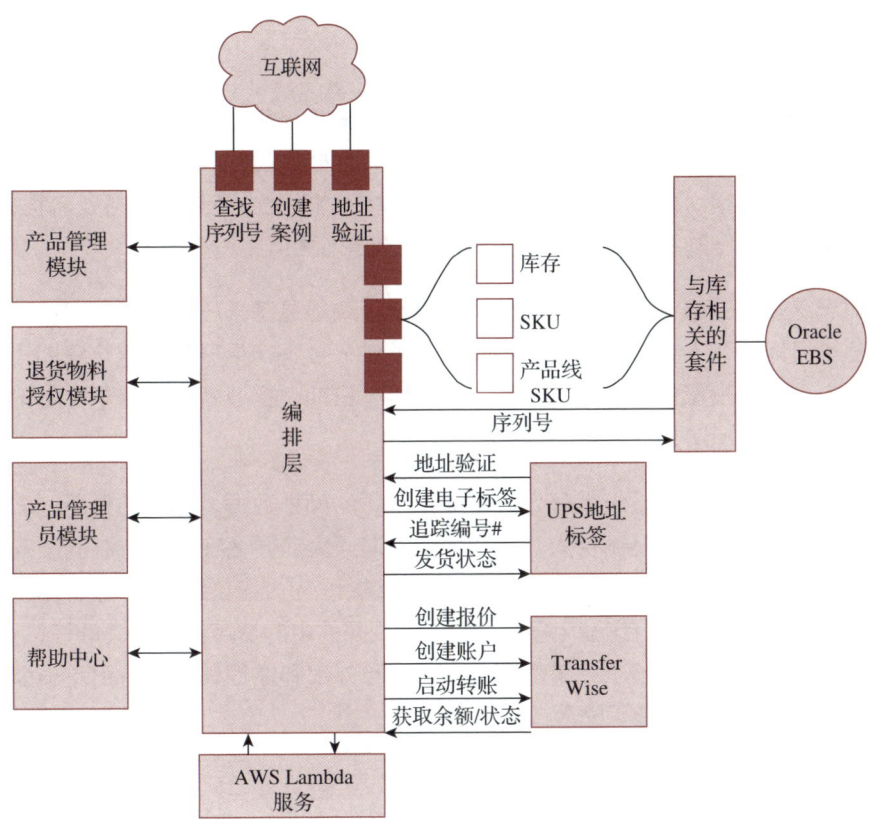

图 13-2　低代码的编排层

阅读心得

2. 数字供应链

当我们提到供应链时，通常会想到物理供应链：货运、集装箱、火车以及商品和服务的流动。但如今，许多从事内容业务的企业（比如：电影、音乐和电视）都在运作数字供应链（Digital Supply Chain, DSC）。在以内容为驱动的业务中需要考虑许多利益相关者，其过程数字化在两者之间并没有太大的区别。

作为电影和电视剧的消费者，我们很少会思考幕后的技术和流程工作。但有许多元素是观众所不知道的，比如数字版权、版税支付、文件传输以及其他流程。这些往往是在两个或更多的实体之间发生的，无论它们是个人还是企业。数字供应链流程如图13-3所示。

实际的数字供应链是什么样的呢？它们异常复杂，包含了多个内部和外部流程，在内容从想法到最终产品的过程中，这些流程的实现时间通常是几个月甚至几年。例如，图13-4展示了一个大型内容企业的数字供应链流程，这家企业制作的特色影片适用于流媒体、电影院和电视。

对于这家企业来说，新电影的整个供应链活动都是基于一个被称为"首次摄影日期"（First Photography Date）的单一数据点展开的，这个日期代表电影开始拍摄的第一天。一旦确定了这个日期，企业就知道这部电影不再只是一个想法，而是一个真实的项目。

一旦数字化启动，系统就开始收集关于电影的额外数据，如上映日期、剧情、演员、导演，及制片人。这些早期的沟通大多要么在一个定制的面向外部的门户网站进行，要么通过电子邮件进行。企业已经创建了数字化流程来自动处理和解析这些电子邮件，以捕获邮件中的资产和其他关键信息。电子邮件虽然不是一个完美的媒介，但在与外部利益相关者，特别是小型供应商打交道时，它仍然至关重要。

阅读心得

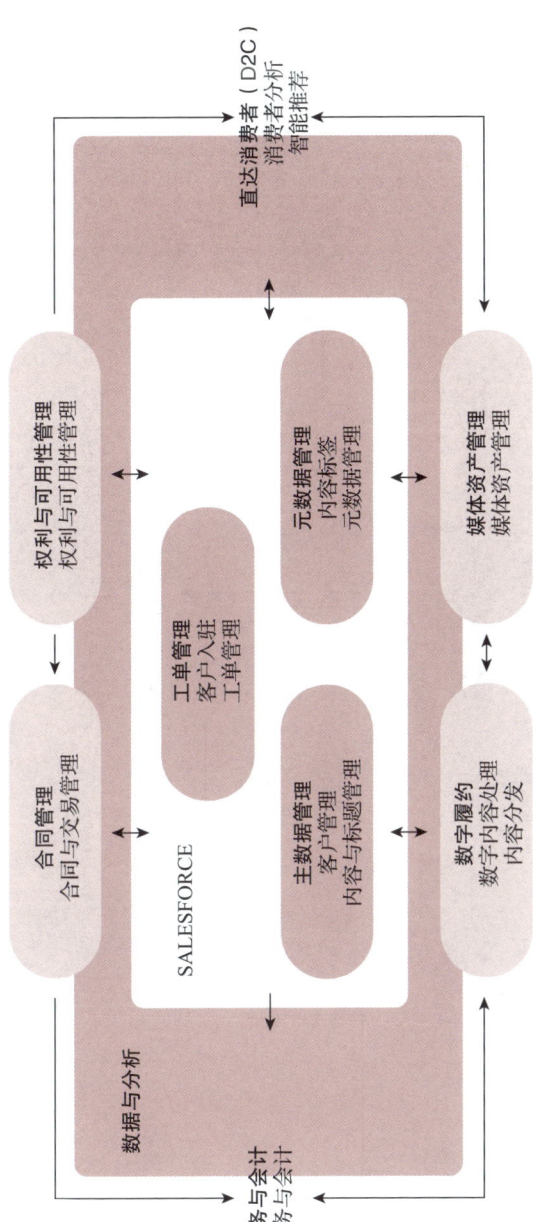

图13-3 数字供应链流程

阅读心得

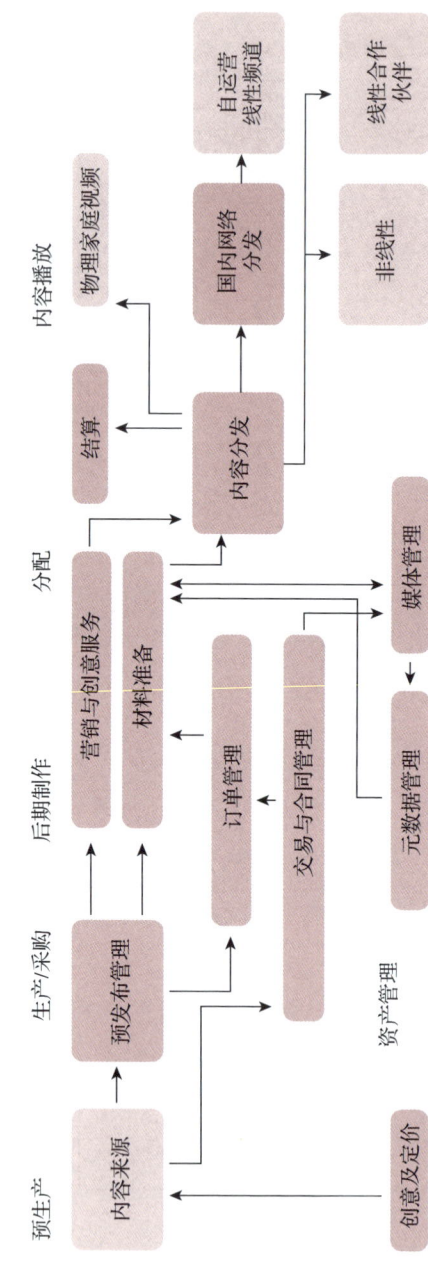

图13-4 一个大型内容企业的数字供应链流程

通常，包含完整电影录像的媒体内容通过一封含有文件分享服务链接的电子邮件发送。这些大型媒体文件多半托管在亚马逊 S3（Amazon S3）或特定影视制作工具，如 Ateliere。此时，内容企业开始他们的预发布管理过程，这是制作放映拷贝的阶段。电影内容会加上水印、添加字幕等。许多步骤会自动发送给第三方供应商，比如为世界各地的不同地区进行内容本地化。

在此过程中，会自动触发多个通知，以便在正确的时间点让不同的团队介入。

- 一旦来自外部平面设计机构的视觉素材到达，一封含有市场视觉链接的电子邮件会自动发送给市场部门。
- 一旦水印、字幕和翻译完成的内容到达，一份内部备忘录会自动发送给发行团队。
- 一旦合同签署，一条内部通知就会自动发送给合同团队。

该企业在过去曾苦于团队因为有人忘了通知他们或者他们没有注意到系统中的新电影而没能完成各自的工作。通过他们偏好的渠道发送通知并提供必要的提醒后，这个问题就消失了。

一旦预发布过程全部完成后，内容就需要向消费者发行。对于像迪士尼或 Netflix 这样的播放方，发行是内部的——内容直接上架到他们自己的流媒体平台。但对于其他影视制作企业来说，他们需要通过全球的合作伙伴来发布内容。他们仍然销售实体副本，因此内容需要发行到 DVD 和蓝光光盘制造商那里，内容也需要发行到电视台、电影院发行商以及流媒体平台。当数字化可以立即与这些制造商共享内容并下订单时，为什么还要依赖电话或手动电邮呢？

我们都见过某部电影和电视节目从流媒体平台上消失，这是因为两家企业之间的合同结束了。由于工作室通过版权交易赚钱，他们有动力确保流媒体平台遵守交易条款，而数字化使他们能够快速有效地做到这一点。为了

阅读心得

实现这一目标，他们需要一种机制来捕捉内容被观看或播放的次数，并将这些数据发送回他们的内部跟踪系统。虽然有人可以通过电子表格下载和上传这些细节，但如果有一个利益相关者没有得到适当的支付时，就会涉及法律后果。所以这家企业选择完全数字化处理。

3. 巡视机器人

零售便利店的购物者可能会惊讶地注意到，机器人在便利店进行巡视。这些机器人利用计算机视觉技术，可确认商品标签上的价格是否正确，查看有多少商品已售出或消失，消除价格差异，并将结果返回中央数据库。一旦数据库更新，与关键供应商的 API 连接可以触发针对需求增高的地区的更大订单。例如，如果一场冬季风暴席卷某个地区，暖手宝和雨伞的销量就会激增，巡店机器人可以确保便利店能够抓住需求激增的机会，从而确保便利店供应链能够始终保持供货充足，并从反应较慢的竞争对手那里夺取市场份额。

13.4　未来的供应链

由于地缘政治不确定性和去全球化的影响，企业面临着将供应商关系本地化的压力，供应链将在可预见的将来继续进行彻底的改造和重建。这将导致更加复杂的混合型供应链的出现，对数字化的需求将只增不减。

如今，现代数字化工具、人工智能/机器学习技术、仓库机器人等技术进一步促进了数字化供应链的发展。

企业如何与客户、合作伙伴、供应商、员工、监管机构、投资者以及其他利益相关者互动，这不仅仅是优化或改善体验的机会。将合适的利益相关者聚集起来，在合适的时间提供给他们正确的信息，或者支持他们业务的增长，对这些利益相关者来说都是极高价值的服务。实际上，世界上价值最高的 10 家企业中有超过一半是通过提供这些服务来获取相当一部分收

阅读心得

入的，这些企业被称为平台驱动的企业。

下一章将探讨如何利用数字化成为平台驱动的企业。

参考资料

1. *Harvard Business Review Analytic Services*, n.d., "Managing Procurement Risk: Enterprise Agility for a Changing World," last accessed January 10, 2023, **https://forms.workday.com/en-us/reports/managing-procurement-risk/form.html?step=step1_default**.
2. *Badger Technologies*, n.d., "Actionable Data for Retail," last accessed January 10, 2023, **https://www.badger-technologies.com/**.

第 14 章

The New Automation Mindset

平台驱动的企业

创新源于以新的方式看待世界的能力，源于从混乱中发现规律和机会的能力。

——罗莎贝丝·莫斯·坎特（Rosabeth Moss Kanter）

在 2020 年初，几家平台驱动的企业在短时间内取得压倒性成功。到 2021 年，世界上最有价值的 10 家企业中有 6 家被认为是平台驱动的企业。然而，平台驱动的企业的概念随着时间的推移变得有些被过度使用且定义扭曲。平台驱动的企业最初是指其服务旨在连接各种生产者和消费者的企业，例如 Uber（连接乘客和提供乘车服务的企业）、Google（连接广告商与购买者）、Facebook（连接朋友和家人）、Apple（连接应用程序的购买者与销售者）。虽然并不是每家企业都能或者应该将其主营业务转变为平台业务，但是，每家企业都能从其背后的理念中获益良多。

成为一个以平台驱动的企业并不意味着变成一家科技企业，而是意味着拥抱数字时代。

14.1 实现路径

我们可以花很多时间讨论平台企业背后的理论，但我发现行动要更有价值。以下是让我们从传统企业变成平台企业可以利用四种主要路径。

- 数据平台（Data Platform）。利用企业的专有数据或服务来创建数据平台，帮助其他企业、合作伙伴或客户实现它们的目标。
- 市场开拓平台（GTM Platform）。利用现有的市场营销投资，创建一个将客户、合作伙伴和产品连接起来的市场开拓平台。
- 服务平台（Services Platform）。通过向生态系统提供服务，创建向其他企业提供数字化过程中的数字构建模块。
- 运营平台（Operations Platform）。创建一个打破信息孤岛、促进企业卓越运营的运营平台。

阅读心得

1. 数据平台

企业不断创造着海量的数据。目前，全球的数据总量估计已达到了 2^{70} 字节，并且还在不断增长。人们不断谈论数据的巨大价值，并且有人说，"数据是新的石油"，为什么我们还不都变富呢？原因是大部分数据还未被开发利用。这些数据被存储在企业的数据库、电子表格、文档或其他地方。

对于任何数据来说，只有当数据与正确的人在正确的时间相关联时，它才具有价值。一个经济增长的数据集与一个 TikTok 视频的数据集对不同的受众有不同的价值。因此，将未开发的数据转化为价值的关键，就是简单地将其与正确的受众连接起来，帮助他们完成工作。

理论上，只要企业具备有价值的数据，那么就可以创建一个可产生价值的数据平台。难点在于企业要明确掌控哪些数据、谁会对它们付费，或者如何利用这些数据开辟新的收入渠道。以下是成功构建数据平台的实例。

凯利蓝皮书（Kelley Blue Book，KBB）起源于 20 世纪 20 年代，其为人们提供独立的二手车信息。在互联网和计算机出现之前，车主很难知道自己的车值多少钱、应该卖多少钱。这就是凯利蓝皮书解决的问题。KBB 的核心价值就是数据，随着互联网的发展，KBB 则不仅将愿意出价收购的二手车经销商连接起来，还将他们与稳定的二手车库存源相连接，这样既保持经销商报价的诚信来帮助客户，也帮助了经销商。KBB 从增加的网站流量和来自经销商推荐的新收入来源中受益。由此，KBB 的业务成为平台驱动的业务，将数据作为核心资产，围绕它构建了一个生态系统和一个无缝的数字化二手车销售流程。KBB 并不是唯一这样做的，这种情况贯穿于各个行业。

还有一些企业可能利益相关者的非常广泛，没有特别清晰的需要连接的受众，这种情况下，他们将他们的数据作为一种新的收入来源出售。

- 纳斯达克提供"数据链接"（Data Link）平台，向企业和个人出售它的市场数据，这些数据可以用来构建应用程序、进行高级分析或者支持投资企业。

- 联邦快递推出了数据作品（Datawork），目的是通过货运数据来创造收益。联邦快递结合了详尽的物流数据与天气、交通等相关数据，为那些希望深入了解全球物流细节直至"最后一公里"的企业提供了巨大的洞察力。

像这样的企业通常在购买访问权限后，通过应用程序接口提供数据和数据分析。

《哈佛商业评论》曾提出将业务数据货币化的关键是"购买，不是建造"。数字化技术可以轻松嵌入到企业的数据平台中。这意味着企业只需利用第三方解决方案而不需要雇佣一个开发者团队来构建平台。企业通过这些嵌入式数据平台提供数据，甚至为合作伙伴提供低代码工具，以将企业数据与合作伙伴的系统集成。

记住，你不需要是一家数据企业才能创建数据平台。从联邦快递的例子中你可以看到，在某些情况下，你正常业务操作产生的数据可能对你的客户、合作伙伴乃至完全不同行业的企业具有非常高的价值。

2. 市场开拓平台

据估计，2021年全球企业在广告上的支出达到了数十亿美元，这只是企业在其销售和营销上的总投资的一小部分。与潜在客户建立联系是任何企业最重要的职能之一，因此这种巨大的投资是值得的。鉴于此，许多企业创建了销售和营销平台。这里，我们探讨的是传统企业如何利用现有的销售和营销投资，使用平台业务的概念创造新的收入流。

用非常简单的术语来说，想象一下您的企业投入了数百万美元，以吸引一组特定的潜在客户的注意力。现在您已经获得了他们的注意，除了向他们销售您的产品或服务外，您还可以利用您获得的注意力为这个客户提供额外的价值吗？也许还能为另一家企业提供价值？这就是创建一个GTM（产品上市策略）平台驱动型业务的基础。

阅读心得

作为世界上营收最大的零售企业，2021年沃尔玛的总广告投资超过了格陵兰岛的GDP。沃尔玛通过引导人们访问沃尔玛网站（Walmart.com），以便让顾客通过几次点击就能购买他们所需的任何商品。然而，沃尔玛注意到，如果顾客访问他们的网站寻找一款他们没有提供的产品，顾客就会直接离开，所有用于吸引顾客到网站的市场营销努力实际上都白费了，更不用说顾客体验了。因为顾客没有发现产品，可能还会认为沃尔玛的网站不是一个可靠的寻找所需商品的地方。沃尔玛将如何解决这个问题？你猜对了：沃尔玛打造了一个令人称赞的GTM平台。

沃尔玛创建了一个第三方卖家市场，小型专业零售商可以在其中列出他们的产品，展示给浏览沃尔玛网站的任何人。他们的平台简单地将在线零售商和顾客连接起来。现在，当顾客来到沃尔玛网站搜索产品时，他们更有可能找到他们确切想要的东西。沃尔玛可以向零售商收取通过其网站处理交易的服务费。零售商可以利用沃尔玛的市场营销能力为自己的产品增加曝光率，这产生了双赢的效果。

创建GTM平台并不需要沃尔玛那样的营销预算。即使一家没有营销预算的小咖啡店也可以创建一个GTM平台。咖啡店的顾客可能正是其他商家极力争夺的对象。例如，一家位于金融区的咖啡店会有很多在银行和投资公司工作的顾客。咖啡店可以轻松建立一个将对这些顾客有广告需求的广告商与这些顾客联系起来的平台。咖啡店给每一位购买咖啡的顾客赠送由广告商的品牌包装的糕点。这样，广告商可以向目标受众宣传自己的品牌，顾客可以免费获得糕点，而咖啡店则可以从每杯咖啡中获得额外的糕点收入。因此，无论平台是沃尔玛规模的，还是咖啡店规模的，都遵循同样的基本商业原则，即利用企业的受众将买家和卖家联系起来。

3. 服务平台

企业通过创建组件、可复用服务或可组合企业可将数字服务整合成一个端到端的流程。但如果这一流程的某一部分由其他企业处理呢？这种情况时常发生。假设这家其他企业为ServCo，它要求该企业通过电话联系他们以完成过程中的这一步。这一步骤真的有必要吗？或者这仅仅是 ServCo 一直以来的操作方式？如果 ServCo 采用了 API、电子邮件或其他数字化的服务请求方式，该企业就可以简单地将这一步整合到它的数字化流程中。这意味着，如果 ServCo 的竞争对手提供了一种数字化的参与方式，该企业可能就需要更换供应商了。

企业通过服务平台可与客户或合作伙伴的服务产品进行数字化集成。在这个日益数字化的世界中，跨企业的数字化将成为常态，因此提供服务平台最终将成为所有 B2B 交互的需求。下面来看几个例子。

在大多数企业，每位新雇用的员工都需要一定程度的背景调查。确定这个人是否有犯罪记录，并且核实他们的教育和工作经验，这是招聘流程中的一个重要步骤，也是相当多的企业提供这项服务。加拿大的一家名为背景调查（Backcheck，后被 Sterling 收购）的企业，就是这样的企业之一。

Backcheck 成立于 1997 年。在创立初期，他们允许客户打电话或通过电子邮件提交请求来执行背景检查。随着时间的推移，更现代化的人力资源解决方案开始出现，比如 Workday。招聘和入职流程日益数字化。Backcheck 注意到了这一点，创建了一个服务平台，允许客户请求服务并检索这一流程的结果，而不需要人力资源部门进行手工劳动。

背景调查企业投资创建了一个由 API 和与常见人力资源和申请者跟踪系统（ATS）的相应集成组成的服务平台。这一能力使得企业能够有效地为候选人启动背景检查，并且在没有人工干预的情况下收到结果。这意味着人力资源部门需要的时间更少，候选人和企业的招聘过程也更快。这也意味着企业将一贯使用背景调查企业的服务进行每一次招聘，这意味着背景调查企业的收入增加。虽然这个例子展示了一个完全数字化的服务，但还有另一种考虑服务的方式。接下来，让我们谈谈 Nest。

2011 年，Nest 推出了新款智能温控器。这是一款由托尼·法代尔和他的团队创造的令人惊叹的产品。法代尔是 iPod 的最初创造者之一。在发布了能够学习房主习惯的智能温控器之后，他们转而为这款新设备创造了一个服务

阅读心得

平台。这个新的服务平台允许温控器被任何得到房主认可的技术所控制。虽然这听起来很基础，但它为这些设备的所有者解锁了一个新功能的世界。

Nest 提供服务平台可能没有产生显著的收入流，但他们确实从中获益。通过使温控器能够连接到家居数字化工具的生态系统，他们本质上为产品创造了数以百计的新功能，而投入却很少。例如，有人可能会说："亚历克萨，调高屋内的温度。"有了他们的平台服务，就能实现与亚历克萨家庭助理的集成。随着这样的功能，越来越多的人想要购买 Nest。

除了解锁与其他技术互动的能力之外，他们还启用了另一项有趣的功能。加利福尼亚州常常会出现电网压力过大的情况，当电力需求过高时，有时会导致轮流停电。电力企业被迫执行这些停电命令，以保护电网。通过与数千个 Nest 温控器连接的服务平台，一项非常强大的功能得以实现。Nest 与当地的电力企业合作，创建了电力网运营商和 Nest 设备拥有者之间的协议。协议为参与的 Nest 用户提供礼品卡，并允许电力网运营商自动调整他们的 Nest 设备的温度。在大规模操作下，这使得电力网运营商能够在预计出现问题的高峰能耗时刻关闭数千台空调。这提供了对电力需求的更多控制，并减少了该地区的停电需要。这些都不是 Nest 最初计划的功能，但这是一个清晰的例证，说明通过服务平台可以创造出令人惊叹的成果。

让我们静下心来想想企业目前提供的服务、产品或技术，并提出几个问题。

- 哪些服务现在可以通过 API 访问？
- 企业的合作伙伴或其他企业如何能够帮助企业来增强服务？
- 客户是否希望通过数字化方式与企业提供的服务互动？

企业通过回答以上问题来确保建立服务平台是合理的。

4. 运营平台

在前三种方法中，我们探讨了建立面向客户或合作伙伴的平台业务，以开辟新的收入来源或机遇，而最后一种方法则将焦点转向组织内部。

阅读心得

随着企业的发展，不同的组织功能和团队会根据不同领导的指导分成若干小组。虽然没有人希望如此，但部门孤岛现象却自然形成。几乎每个大型组织都在努力应对部门孤岛以及各孤岛之间的交接和服务提供难题。当我们致电企业寻求支持时，常常会经历电话在企业不同团队之间转来转去的情况。每个接电话的人都声称我们的要求应该由"别人"负责。这些部门孤岛减慢了流程，对客户体验产生了负面影响，有时甚至导致团队目标不一致、朝着相互冲突的方向前进。

利用平台业务模式来打破内部孤岛是一个自然而然的选择。借鉴数据平台和服务平台的理念，我们可以使我们的团队更加无缝地协同工作。

要取得这些成果，团队需要创建能够为他们所有利益相关者带来好处的内部平台。我们讨论了 Artner（佳能）提出的可组合企业（Composable Enterprise）概念，以及团队如何跨企业共享数据和服务。简单来说，团队正在消除障碍，使得他们的服务能够被组织内的其他团队轻松地请求或启动。

14.2　建立企业运营平台的步骤

建立企业运营平台有以下三个关键步骤。

- 推广使用。鼓励每个团队设定目标，创建便捷的方法让其他团队能够访问他们的数据和服务，这涉及将他们的团队视为以平台为驱动的微型业务实体。
- 衡量采纳情况。每个团队及其对应平台的成功应该通过利益相关者的采纳情况和评价来衡量。成功不仅仅是建立共享的技术，而是要建设出其他团队需要且被广泛利用的服务。
- 共享语言。提供一个通用的数字化平台，各团队将在此平台上创建这些共享服务。这个数字化平台必须能够促进跨职能业务流程的协调工作。再次强调，为了成功，这个平台需要支持民主化（Democratization）、可塑性（Plasticity）和编排（Orchestration）。

阅读心得

14.3　为传统业务带来新认知

并非每家企业都能或应当成为一个平台驱动的企业，但我们在这些企业中看到的将业务与技术策略成功结合的模式无疑能惠及所有人。它们帮助我们以新的视角思考自己的企业，并让我们重新思考在一个由数字化技术驱动的世界中，我们的业务将如何运作。

每一个被重新塑造或向着新的、更成功的方向发展的企业，始终是从一个想法开始的。利用本章内容，在你的团队或组织内部进行头脑风暴，组织一个研讨会，分享本章概述的方法，激发人们的思考。你甚至可以在整个业务中征集想法。当人们被赋予自由发挥想象力的权利时，你会对他们提出的真正创新的想法感到惊讶。正是使用这些想法，你将能够成为一个由平台驱动的企业。

参考资料

1. Wiedeman, Reeves, 2021, "Why Does Every Company Now Want to Be a Platform?," *New York Times*, (Sept. 15), **https://www.nytimes.com/2021/09/15/books/review/jonathan-knee-platform-delusion.html**.
2. Marr, Bernard, 2022, "The 10 Best Platform Business Model Examples," *Bernard Marr & Co*, (March 18), **https://bernardmarr.com/the-10-best-platform-business-model-examples/**.
3. Davenport, Thomas H., 2022, "How Legacy Companies Can Pivot to a Platform Model," *Harvard Business Review*, (March 9), **https://hbr.org/2022/03/how-legacy-companies-can-pivot-to-a-platform-model**.
4. FedEx, n.d. "Data Makes the World Work Better," last accessed January 11, 2023, **https://www.fedex.com/en-us/dataworks.html**.
5. Hansen, Ulrik Stig, and Eric Landau, 2022, "4 Steps to Start Monetizing Your Company's Data," *Harvard Business Review*, (September 27), **https://hbr.org/2022/09/4-steps-to-start-monetizing-your-companys-data**.
6. Cramer-Flood, Ethan, 2021, "Worldwide Ad Spending 2021: A Year for the Record Books," *Insider Intelligence*, (November 30), **https://www.insiderintelligence.com/content/worldwide-ad-spending-2021-year-record-books**.

阅读心得

第四篇

The New Automation
Mindset

实现目标

第 15 章

The New Automation Mindset

企业级AI平台

生成式 AI 的出现就像微处理器、个人电脑、互联网和手机的诞生一样，是一个颠覆性事件，整个行业将围绕它进行重组，它是企业核心竞争力的基石。

——比尔·盖茨（Bill Gates）

生成式 AI 改变了我们看待任务、工作和组织的方式。我们过去看到的是"现状"，而现在我们看到的是机会。除了生成代码、创建项目总结或创建能够个性化地提供爱因斯坦式答案的聊天机器人的例子，组织应该如何思考生成式 AI 呢？

当我看到我 14 岁的侄女像使用 Instagram 一样轻松地使用 ChatGPT 时，我的眼界突然开阔了，大型语言模型终于突破了"民主化壁垒"，让整个组织不考虑技术障碍就能改进和创新，这一直是技术全民化的期许。

生成式 AI 不仅仅是处理文本、代码或图像，它的真正价值在于能够使企业彻底重新思考现有流程。专门的、定制化的软件显然已跟不上生成式 AI 的蓬勃发展。企业要想应对生成式 AI 所带来的挑战，需要大规模运用生成式 AI，即将企业现有资源与 AI 结合。

15.1　生成式 AI 对企业的挑战

生成式 AI 是建立在大量数据之上的。然而，它们是语言模型，不是知识模型。简单来说，生成式 AI 的回应只是对用户询问内容的统计学近似。换句话说，直到生成式 AI 变得更加智能之前，企业需要掌握主动权。但对于那些想要全力以赴地投入到大规模的生成式 AI 中的企业来说需要克服以下障碍。

- 技能壁垒。对于技术知识有限的用户，生成式 AI 应提供易于理解和验证的解决方案。该解决方案应以易于评估和实施的形式呈现，特别是如果输出是代码，需要提供清晰的步骤说明或可视化工具，以帮助用户评估生成的解决方案的质量和安全性。如果用户实施了错误的代码，风险就会增加。鼓励用户与 IT 部门或技术专家合作，以确保解决方案的正确实施。生成式 AI 能够识别并警告潜在的风险，以防止执行不良代码。企业还需要建立一个反馈机制，让用户能够报告他们的经验，以便不断改进生成式 AI 的输出。
- 端到端的简单性。ChatGPT、Dall-E 等工具的成功在于它们用户友好的界面和直观的操作方式。虽然这些工具易于使用，但在大企业实施任何事情都是复杂的。为了保持生成式 AI 的优势，需要简化在大企业中的部署和审查流程。人工智能工具应像公用事业一样可靠，确保企业在需要时能够随时访问。
- 观察并采取行动。人类需要看到并理解发生了什么，以便在需要时进行故障排除。这可能包括生成新的提示或向 AI 平台提供反馈。
- 持续改进。当出现问题时，我们如何防止这种情况随着时间的推移对其他解决方案产生影响？对于 AI 平台来说，利用数据分析工具来分析用户反馈，识别常见问题和潜在的改进领域，可以确保 AI 平台能够持续改进，减少问题的发生。
- 从蓝图到实施。从巨大的信息量中获取构想只是第一步。生成式 AI 在创建可能性地图方面表现出色。但想要将这些构想变为现实，就需要企业最大限度地借助生成式 AI 将这些蓝图转化为真正的解决方案。
- 信任。所有这些都需要在信任和治理的环境中发生，才能在企业级别取得成功。恰当的防护措施、访问控制和安全性必须是核心问题。任何组织都不应牺牲信任以换取创新。

15.2 生成式 AI 的可操作平台

生成式 AI 目前受限于其生成内容的类型（如文本、代码、图像），需要突破这些限制以实现更广泛的应用。为了释放生成式 AI 的潜力，需要构建一个能够支持其发展和应用的 AI 平台。AI 平台不应仅限于生成文本或图像，应具备高级的自然语言理解能力，以构建更复杂的解决方案，如应用程序开发、数字化流程或系统集成。企业级 AI 平台应围绕特定领域（如数字化）构建，确保其核心功能与服务领域紧密相关。

企业级 AI 平台需要具备强大的技术能力。除了技术能力，企业还关注安全性、

阅读心得

治理、合规性和可扩展性。AI 平台必须提供企业级的安全保障,以保护数据和操作的安全性。AI 平台应包含有效的治理机制,以确保合规性和透明度。

如果我们考虑到所有这些挑战和需求,图 15-1 展示了一个完善的企业级 AI 平台必须具备的能力。

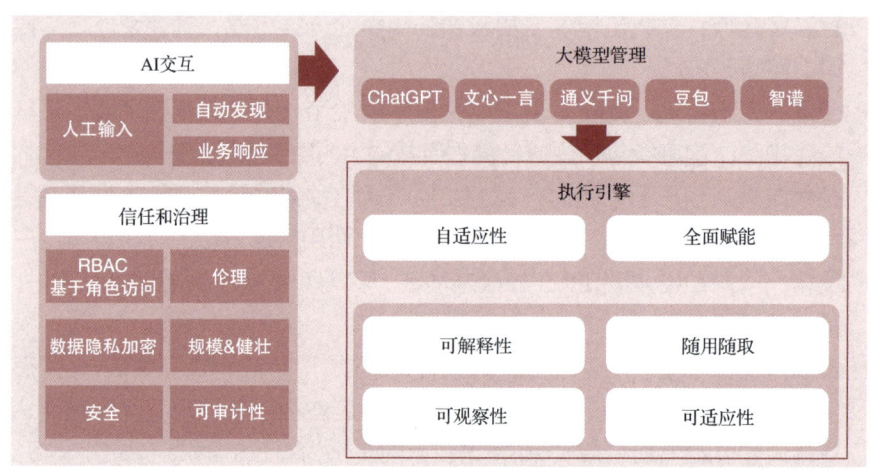

图 15-1　企业级 AI 平台必须具备的能力

1. AI 交互

生成式 AI 的一个重要功能是接受并理解人类的输入,并经分析与计算后给出输出。

- 人工输入。用户提供特定数据,期待得到相应结果。在企业级 AI 平台中,这意味着可以以自然语言方式输入并生成解决方案。例如,在数字化应用中,用户可以提示 AI 平台:"考虑到涉及的系统包括 Salesforce、Netsuite、Docusign 和我们的产品系统,请对报价兑现流程进行数字化。"
- 自动发现。基于企业现有流程和软件,自动发现可能的规则、阈值并触发与大模型的交互以获取输出。
- 业务响应。生成式 AI 擅长模式识别,能够迅速识别异常模式,将它们与业务指标相关联，并为新解决方案或流程优化提供建议。

2. 执行引擎

执行引擎是企业级 AI 平台的核心能力。它需支持生成式 AI 提出的各种解决方案，并协调组织内部不同能力的协作。生成式 AI 的潜力几乎无限，但为了真正实施这些想法，执行引擎需具备多功能性，能动态响应 AI 生成的解决方案，并整合企业内的各种能力。

- 可解释性。在人工智能（AI）技术逐步成熟，发展出真正的"智能"并建立起足够的信任之前，短期和中期内需要一个"人在中间"的角色来验证所提供的解决方案是否满足他们的需求。如果解决方案是以代码或复杂组件的形式生成的，这意味着只有 IT 专家才有资格验证 AI 产出的结果，这将违背使非技术人员也能轻松获取技术的初衷。为了让非技术人员能够验证一个解决方案，这个解决方案需要是"可解释的"。因此，可解释性是指生成的解决方案能够被任何人准确理解的能力。

- 随用随取。生成式 AI 流行度激增的主要原因，是因为所有的阻碍技术实现的障碍都被消除了，任何人都可以利用生成式 AI 并与之互动。为了达成这个目的，需要将生成式 AI 的服务抽象成可以被更大范围的用户所使用的解决方案。就像我们习惯于与公用事业企业，比如电力企业打交道一样，当我们买了一个新灯泡，只需将其插入电源插座并"打开"开关，AI 生成的解决方案也应该有类似的体验。一旦验证通过，用户应该能够简单地"插入或运行"这些解决方案。

- 可观察性。在解决方案生成、验证和运行方面，我们已经迈出了重要一步。但是，由于这些解决方案可能具有的复杂性范围，企业级 AI 平台需要为非技术人员提供监控和排除问题的手段，以确保在整个生命周期中维持高质量。这样做不仅有助于防止潜在问题的出现，还可以帮助技术团队不断进步。这是因为通过持续反馈循环，团队可以收集到数据和经验，并以此来改善平台、解决方案和流程，使其更加智能和有效。因此，可观察性是企业级 AI 平台的第四项核心能力，它使得我们能够监控、分析并改进我们的系统，以确保它们持续不断地优化和提高。
- 可适应性。企业级 AI 平台需要具备持续学习和改进的能力，以便在执行 AI 生成解决方案时，能有效地处理出现的问题。这种适应性让平台能够自主更新和增强其模型，使得它能够更好地理解数据、识别模式，并预测未来。例如，在高峰负载期间，一个企业级 AI 平台可以识别并确定异常模式，比如来自 Salesforce 的 429 错误代码的频率增加。这一持续的反馈将使得模型增强其理解力，了解 Salesforce API 的速率限制，并相应地调整执行频率。

3. 信任和治理

企业级安全与治理是指保护组织信息和系统的政策、程序和技术。在企业级 AI 平台中，这些能力需要在人工智能的背景下得到扩展。这些平台应该优雅地处理新的安全风险，如伦理、偏见和错误信息。同时，基于角色的访问控制（RBAC）等传统能力也需要增强，以支持不同类型的用户。在任何特定用户中，指定哪些过程可以数字化、哪些系统可以访问，以及与这些系统的交互级别都应该受到严格监控和管理。

企业级 AI 平台需要以可维护和成本效益的方式实现指数级增强的能力，以便支持新用例的规模，才能有效地处理不断增加的数据量和复杂性。通过可持续的发展和增强，企业级 AI 平台可以更好地适应不断变化的环境，并为组织带来更大的价值。

同时，企业级 AI 平台应该优雅地处理诸如伦理、偏见和错误信息等要素，同时"传统"的能力（例如，基于角色的访问控制）也需要增强，以支持可能在这些平台上注册的不同类型的用户。因此，对于任何特定用户，指定哪些过程可以数字化、可以访问哪些系统以及与这些系统的交互级别应该受到企业人工智能平台的严格监控和管理。

因此，对于新一代的企业 AI 平台来说，企业级的能力应该放在首位，以确保能够在更大规模上被采用。

阅读心得

第 16 章

The New Automation
Mindset
....
数字化工具

你做出了价值百万美元的决策，却只采取了细枝末节的行动。

——塔拉·范德维尔（Tara VanDerveer）

过去我们准备乘飞机出行时，通常会带上各种电子产品（见图16-1a）。而如今，一部智能手机就能满足我们大部分的需求（见图16-1b）。然而，在专业化和特定用途方面，依然有巨大的市场空间。专业摄影师喜欢使用价值数千美元的单反相机（DSLR），而寻求刺激的人则更喜欢携带坚固耐用的GoPro来进行他们的冒险活动，电影制作者则会使用能够捕捉微小细节的大型摄影机来拍摄影片。

在数字化领域，我们也有许多工具和技术可以选择。我们谈到了机器人流程自动化（RPA），应用程序编程接口管理（APIM），提取、转换、加载（ETL）等。在21世纪初期，我们曾使用过许多专业工具和平台，但当前大多数企业难以实现这些工具所承诺的价值。

这种方法是碎片化的，难以持续。我们的数字化工具成本高昂，且需要大量工作。当专业工具试图适应通用角色时，情况会变得更糟。我们需要的是既有力量又有智慧的编排。

在数字化转型中，我们确实需要专门的工具，但如今的问题是这些专业工具被过度使用了。这归结为过度专业化或过度通用化的问题。我们需要找到一个合适的平衡点，用通用工具解决大部分问题，只在特定部分使用专业工具。

当前数字化解决方案种类繁多。如果你的企业正在使用如集成平台即服务（iPaaS）、应用程序接口平台（API平台）、机器人流程自动化（RPA）等工具，你可能会好奇这些工具如何融入新的数字化认知方式中。本章将介绍一些最常见的工具，来回答这个问题。

在当前的技术生态中，集成和数字化工具种类繁多。本节将探讨一些最为常见的工具，包括机器人流程自动化（RPA）、业务流程管理套件（BPMS）、集成平台即服务（iPaaS）、API管理（APIM）、ETL/ELT和低代码/无代码工具。

阅读心得

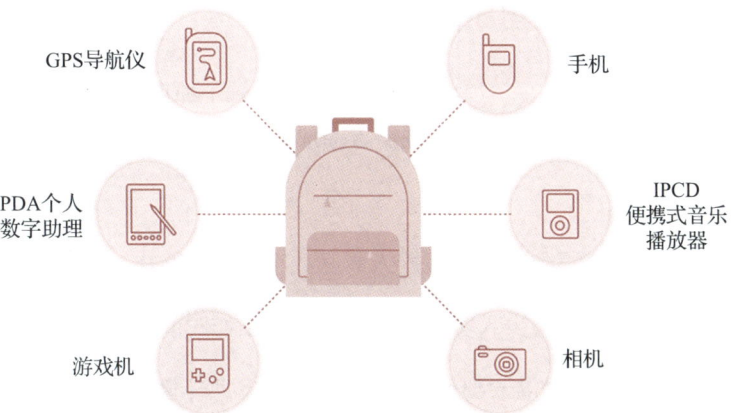

a）电子产品

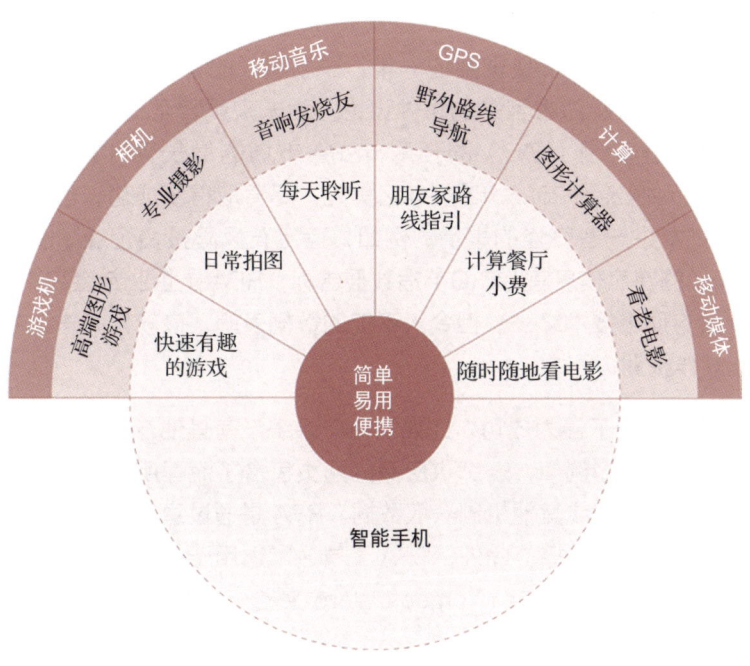

b）智能手机

图 16-1　电子产品与智能手机

阅读心得

16.1 机器人流程自动化

起源：软件测试数字化、"绿屏"（Green Screen）抓取和宏：通过图形用户界面（GUI）记录一系列操作并重复播放数字化手工任务技术。

年龄：40 多年。

别名：机器人、流程数字化、机器人桌面数字化（RDA）、任务数字化。

关注点：提高效率，减少人类在手动任务上的工作时间。

尽管一些 RPA 工具提供云部署，但 RPA 是为本地环境设计的。RPA 通常存在并部署在服务器上，以便自主运行。它可以是由人触发的有人值守数字化，也可以是根据定期计划或使用其他触发器的无人值守数字化。

2021 年对于 RPA 来说是重要的一年。一场轰动的首次公开募股（IPO）、合并与收购，以及即将到来的事件讨论，为未来奠定了一个有趣的舞台。根据国际数据企业（IDC）的预测，RPA 市场的增长预计将从 2020 年的 80 亿美元增长到 2025 年的 90 亿美元。尽管取得了成功，但有迹象表明 RPA 正发生一些奇怪的事情。例如，蓝宝石风险投资企业（Sapphire Venture）的首席信息官（CIO）指数报告称，RPA 是企业希望在 2022 年减少支出的顶级技术之一。但令人不安的数据表明，该软件并未达到其变革性的炒作预期。

RPA 在特定情况下最为成功，比如当一个系统没有其他方式读取或更新其中存储的数据时。例如，一个供应商的网页包含了流程所需的数据，但这个供应商没有 API 或其他机制获取数据。RPA 是通过直接与网页交互来检索这些数据的绝佳选择。此外，RPA 工具通常适用于从非结构化数据源检索数据，例如 PDF 文件或 Microsoft Word 文档。

- 挑战和局限性。正如我们在讨论差距和限制时所看到的，RPA 工具在端到端数字化流程、扩展到大量数字化，或以民主化的方式使用方面表现不佳。如果你仔细想想，模仿人类劳动只是另一种形式的外包——"机器人外包"，它也是以光鲜包装形式出现的任务心态的最纯粹形式。
- 缺陷和局限性。从规模上，它不易扩展。很多企业在完全依赖 RPA 的情况下，很难实现广泛的数字化。由于机器人的脆弱性和频繁的支持需求，维护大量机器人需要大量工作。即使供应商增加了 API、OCR 或流程挖掘，所需的维护工作也会增加。

在治理方面，它难以治理。民主化需要治理，但 RPA 难以实现组织范围内的部署。由于严重依赖服务器基础设施和深入的技术技能，让企业内更广泛的人员群体建立数字化很少成功。如果一家企业成功地培训了更广泛的建设者团队，治理很快就会成为问题。使用 RPA 时，监控和管理人们构建的内容、他们连接到的系统以及他们处理的数据通常是不可行的。

- 维护。对于需要快速完成重复任务的情况，RPA 是最合适的选择。随着机器人集合的增长，维护需求也会增加。本质上，这些机器人大军需要另一支机器人管理大军。虽然机器人本应减轻人类的负担，但人类最终需要为机器人减负。如果没有仔细考虑操作成本，乐观的投资回报率计算很快就会被侵蚀。

尽管 RPA 经常被称为低代码软件，但事实并非总是如此。它通常不易学习、快速部署或维护，这项技术仍然需要专家来构建和维护数字化。RPA 可能比使用自定义代码更易用，但它未能达到理想的民主化平台。

16.2 业务流程管理套件

起源：BPMS 最早可以追溯到 20 世纪 80 年代的工具，如 FileNet。然而，这一类别是由 Gartner 在 21 世纪初期定义的，只拥有不超过 30 年历史。

别名（其他名称、缩写、类似工具）：业务流程管理（BPM）、智能业务流程管理（iBPM）、业务流程数字化（BPA）、业务规则管理系统（BRMS）。

重点：以业务流程为中心的建模和工作流程执行。这是通过任务管理和手动工作流步骤的表单来完成的。BPMS 通常包括流程执行建模、监控和分析。

- 深入探讨。业务流程管理套件（BPMS）是为业务流程管理（BPM）实践而设计的软件。BPMS 是一个涵盖与流程学科相关的几个子类别工具的总称。这个学科采取多种形式：流程的视觉化、响应业务事件、连接系统或定义基于规则的数字化。

BPM 平台被开发出来，以帮助组织更好地理解和改善他们的流程。业务规则管理系统（BRMS）旨在管理复杂的业务规则。这些系统使用由业务分析师创建的规则集来指导业务操作。

业务流程数字化旨在数字化业务流程。随着时间的发展，相同的功能也被嵌入特定功能的应用程序中。客户关系管理和企业资源规划系统就是典型的例子。它们简化了与业务功能或部门相关的一组流程，比如销售或财务。

- 缺陷和局限性。在速度上，用 BPM（业务流程管理）达成的结果是强大的，但速度缓慢。成功是以年计量的。毕竟，目标是在一群专家和开发者的帮助下，彻底重新构想主要流程。虽然 BPM 供应商对他们市场的增长持乐观态度，但巨大比例的 BPM 顾问生态系统已转向 RPA。在那里，他们找到了更快的成果、更高的利润率和更低悬的果实。然而，正如在 RPA 部分讨论的那样，这些顾问现在正看到 RPA 狭窄、任务聚焦视角的问题。

在规模上，BPMS 有时被称为"大铁"软件，用于最关键的流程。就像大船的巨大引擎（强力的马达），需要专门的专家来维持它们的运行。虽然 BPMS 可以实现强大的结果，但它正在被抛弃。随着企业转向其他工具以获得更多的成果，它正变成一个过去的时代。尽管如此，BPMS 以其更广泛的端到端流程视角的基本概念在概念上是正确的途径。我们可以将 BPMS 和 RPA 视为一个光谱的两端。BPMS 过于专注于流程，而没有在执行任务和系统操作上的坚实基础。RPA 过于专注于任务，而没有对流程的更大视角。答案在两者之间的某个地方。

阅读心得

16.3 集成平台即服务

起源：中间件。这个领域的最初玩家是 Teknekron 信息总线（Teknekron Information Bus），紧随其后的是 Tibco。

年龄："集成平台"已有 30 多年历史，"即服务"（as a Service）有 15 年历史。

别名（其他名称、缩写、类似工具）：集成平台即服务（iPaaS）、企业服务总线（ESB）、中间件（Middleware）、企业应用集成（EAI）。

焦点：常被称为"管道技术"，集成技术用于在不同平台之间移动数据，这通常通过 API、文件或数据库的直接连接。

- 深入探讨。iPaaS 集成了多个应用程序，同步数据集，基于数据事件在其他工具中启动操作。即它们使数据能够在不同系统之间以不同的时间表移动。这些平台提供了能够执行批量处理的能力（每小时、每晚、每周等），以及几乎实时的集成，在业务事件发生时，动作在几秒钟内被处理。

这些平台在过去 30 年里发生了显著的演变。值得注意的是，现代的 iPaaS 解决方案与旧式的企业服务总线（ESB）和中间件工具大相径庭。现代 iPaaS 解决方案通常在云端运行，并且相比历史上的 ESB 平台，它们在复杂消息路由上的关注度大大降低。

更现代化的工具包括"即服务"这一称号，这意味着它们作为云原生服务运行，而不依赖于本地服务器。它们通常具备：通过 API、事件、文件或数据库，与许多应用和服务的强连接能力、强大的数据转换能力、管理和应对业务事件的能力，以及与事件/消息流服务交互的能力。

这些能力使得从一个应用程序中提取数据成为可能，无论是批量还是一次一条记录，以更新适当的下游应用程序中的数据。例如，一个 iPaaS 可能被配置为监控 Salesforce，并且每当创建一个新的客户记录时，iPaaS 将自动使用 Salesforce API 下载新的客户记录，然后调用 Netsuite API

在财务系统中创建一个匹配的客户记录。结果产生的业务成果是，每当 Salesforce 中添加一个新客户时，在几分钟内 Netsuite 中就会有一个匹配的客户记录。会计团队无须进行手动数据输入。

- 缺陷和局限性。集成是一个重要的类别，因为它构成了编排和企业数字化平台的基础。然而，传统的集成平台难以从它们的遗留根源中进化。在 iPaaS 领域，并非所有工具都是相似的。

对于云服务要求，成为一种 iPaaS 的关键条件之一是能够在云环境中运行，但是与此同时，原生云平台（Cloud-Native Platform）和那些仅仅被迁移到云上的传统本地平台之间存在很大的不同。虽然两者都被称作"云"，但只有原生云平台真正地利用了云服务应有的自动扩展、容错和类似公共设施的优势。我们将在本章后面更详尽地讨论这个话题。

对于复杂性，在这个领域的另一个主要差别在于传统的集成平台是复杂、技术性的工具。它们需要拥有计算机科学学位专家来维护。编码、开发和漫长的等待时间是使用传统集成工具的特点。更现代的平台则采用低代码行为作为其运作的基础，因此它们成为我们架构中民主化、可塑性和编排框架的有力候选者。但是购买者要小心，并非所有的 iPaaS 都符合这种模式。

16.4　API 管理

起源：随着 API 越来越普遍和有价值，设计用来发布和管理 API 的系统已经逐渐形成。

起源：大约在 2009 年开始，正式的 API 管理（APIM）系统开始出现在市场上。

别名（其他名称、缩写、类似工具）：API 网关（API Gateway）、API 门户（API Portal）、API 平台（API Platform）、API 生命周期（API Lifecycle）。

重点：APIM 解决方案专注于管理企业的 API 和创建新的端点。大多数系统的目标是为了在企业范围内创建一套组织化、标准化并且受控的 API 使用集合。

- 深入探讨。APIM 工具专注于两个要素：API 连接性和 API 可发现性。大多数 APIM 工具卸载了更多技术要求，如安全性和性能（连接性），并尝试使企业的 API 对开发者容易发现（可发现性）。

连接性元素是通过配置或基于代码的 API 网关提供的。API 网关充当 API 调用者和下游系统之间的层。网关提供认证、高级安全性和加密、速率限制、缓存和其他功能。专注于管理技术要求使得后端系统可以专注于提供数据和其他功能。API 消费者统一通过 API 网关进行连接，最终获得标准的一致体验。

APIM 工具还能帮助企业管理它们庞大的 API 集合。想象一下，一家企业有 500 个不同的应用程序，每个应用平均有 50 个 API 端点，这就是 25000 个不同的 API 端点，开发者可以利用这些端点。如果没有一个集中的办法来记录和管理 API，开发者就很难知道这些 API 的存在，更不用说连接到这些 API 了。这就是 APIM 平台中的 API 目录或开发者门户功能发挥作用的地方。这些工具允许企业记录、组织，并使它们的 API 可以被开发者搜索。这确保了随着 API 的创建，它们不会在其他 API 的深渊中丢失。

- 缺陷和局限性。从纯粹的局限性角度，APIM 的重点在于连通性和可发现性。大多数 APIM 工具缺少的环节是组成 API 的逻辑部分。如果你已经有了一系列 API，并想要控制和组织它们，一个 APIM 极有可能满足你的需求。但这很少是唯一的需求。当 API 能被用作组件时，它们提供的价值最大。当你能够创建一个 API 来封装跨几个其他 API 的一系列动作时，便成为数字化的雏形。大多数 APIM 平台在这方面表现欠佳。在数字化领域，传统的工作流程管理工具虽然擅长创建和组织工作流，但它们通常需要依靠手写代码来处理逻辑部分。这种做法几乎等同于从头开始自定义构建数字化流程所需的工作量。这最终意味着无法实现数字化的民主化，且在进行更改时需要大量的工作（缺乏可塑性）。

阅读心得

从 API"信仰"的角度，API-Led（面向 API）架构的狂热已使许多企业误入歧途。API-Led 架构的理论是，构建一个庞大的 API 库是一个明智的策略。这种认知方式是我们将 API 作为可重用的组件构建，然后将我们的 API 组合成更多的 API，这些 API 又组合我们合并的 API。因此，我们拥有了许多 API，但我们真的对业务有积极的影响吗？将 API 作为组件来利用是正确的做法。然而，将构建 API 作为解决方案，而不仅仅是解决方案的一个组件，会导致不专注于最终结果。许多 IT 团队在创建这些 API-Led 架构上投入了数百万美元，遗憾的是它们只关注于技术层面。这些企业最终常常拥有成堆的 API，但对业务的价值却寥寥无几。

16.5 ETL 和 ELT

起源：起源于集成的最初阶段，具有 30 多年的历史。

别名（其他名称、缩写、类似工具）：数据管道，数据加载器，数据摄取，提取、转换、加载（ETL），提取、加载、转换（ELT）。

重点：ETL/ELT 从应用程序和其他数据源批量加载数据到中心仓库，如数据湖或数据仓库。

- 深入探讨。ETL（提取、转换、加载）和 ELT（提取、加载、转换）工具通常是集中企业数据的大规模策略的一部分。最终目标是改善数据报告和数据分析。这些工具从多个源移动大量数据到一个共同的数据模型。在某些时候，工具会转换数据以匹配该模型。

值得注意的是，过去 ETL 有时被用来指批量应用到应用的集成。然而，这一定义现在很少被使用。因此，在本节中，我们使用 ETL 和 ELT 来指代用于加载数据集市、数据仓库和数据湖的更现代的工具定义。

ETL 与 ELT 的主要区别在于转换步骤的发生位置。在 ETL 过程中，工具从数据源提取数据，然后将其转换以匹配数据模型，最后将转换后的数据加载到数据仓库中。相比之下，ELT 过程更注重提取和加载步骤，将转换步骤留给数据仓库来处理。它直接提取数据并以原始形式加载进数据仓库。

ELT 是一种更现代的方式，它提供了若干优势，例如加快数据加载速度、能够重新转换历史数据和降低复杂性。这些优势得益于数据仓库平台，如 Snowflake 的最新进步。

- 缺陷和局限性。在高数据量领域，ETL 和 ELT 经常与其他集成和数字化工具混为一谈。它们的确执行了许多相同的功能，但共同点也仅限于此。ETL 和 ELT 工具最适合于从边缘应用程序移动大量数据到数据仓库的这一狭窄用例。这既是这些工具的优点也是缺点。当按预定目的使用时，它们在市场上的其他工具中表现出众。

当超出核心用例时，这些工具的局限性就出现了。它们在应用程序到应用程序的集成、基于事件的数字化或流程编排方面表现不佳。技术上看似可以使用 ETL/ELT 工具，但很明显，构建它们所需的努力远远大于其带来的好处。当我们看到解决这些用例中出现问题的难度时，情况只会更糟。ETL/ELT 工具是专业工具的终极定义。它们应该用于你的报告和分析项目，而非用于数字化。

16.6　低代码 / 无代码工具

供应商可提供易于使用的低代码 / 无代码工具来进行集成和数字化。这些工具受到创业者的喜爱，并且有时会因为简单、低成本和快速而得到企业的接纳。这些工具通常具有很好的用户体验，但它们往往缺乏更基础的能力，如安全性、治理、合规性和监控。在忽视这些基础需求的情况下构建解决方案，会长期造成技术债务、数据质量问题和安全风险。

1. 企业上云

云计算是一个概念，可以说是由 Salesforce 在 1999 年左右首创的。这意

阅读心得

味着，云计算比本章描述的大多数技术要早十几年。

通过审视云计算的演变，我们可以定义出组织决定采用云计算的两种不同方法：一是云计算作为一种降低成本的机制（或优化/迁移上云方法）；二是云计算作为颠覆性创新的驱动力（或云原生方法）。

作为一个关键的考虑因素，大多数供应商采用了前一种上云方法。这并不令人意外，因为这些组织在云计算出现前已经在自己的技术栈上重金投资多年。因此，将现有技术栈迁移到云端，比重新架构、重构或者从零开始来完全利用云计算所提供的功能，要快得多、便宜得多。让我们进一步探讨为什么现在云原生如此重要。

- 云优化与云原生。SaaS（软件即服务）的核心价值在于消除了传统本地部署软件所固有的负担，如安装、硬件配置、维护、版本控制等，不再是客户需要考虑的范围，而是 SaaS 提供方的责任。这些好处源于推动 SaaS 架构范式的云原生原则。使用 SaaS，客户可以从小规模开始，随着时间的推移可以逐渐扩大，同时还可以节省资本支出（无须维护基础设施）和运营成本（操作所需人员较少）。

让我们谈谈 Salesforce。当客户采用 Salesforce 时，他们无须担心建立自己的基础设施、高可用性、网络、为高峰负载做准备、保护免受 DoS（服务拒绝）攻击等问题。Salesforce 的客户通过不处理安全性或可伸缩性问题、通过单击按钮即可配置一个功能齐全的强大应用程序而获得的是心灵的平和，以及通过始终运行最新最好的技术而获得的是对未来的投资保证。这一切都是因为 Salesforce 决定通过遵循云原生架构来充分利用云的潜力。

虽然对于云原生没有统一的定义，但大家普遍认为，它是通过遵循"微服务""容器化"和"容器编排"原则为云构建现代应用程序的结果。

另一方面，带着云优化心态（例如，提升与转移以在云上运行相同的代码库）转移到云，本质上侧重于在云上运行软件的能力，并不必然专注于通过移除运营负担来改善最终用户体验。

想象一下，如果 Salesforce 提供的不是直接可以使用的软件即服务，而是让客户决定如何运行应用程序（比如，在哪个区域运行），如何保证运行的高可用性（例如，在不同可用区跨多个副本运行），以及如何进行维护（比如，每年处理一两次版本升级）。有人可能会认为，这样会大大削弱软件即服务的整体价值，因为这些问题都类似于企业在本地部署时代所必须面对的问题。

因此，那些并非在云端诞生而是后来转移到云端的平台，将继续面临像本地部署时代那样的问题，如峰值负载的准备、高可用性、可观察性、版本升级和追踪性。

为了让组织充分利用云计算的价值，并能专注于解决业务问题，他们应该寻找那些在云端诞生的工具，这些工具提供了更简单的方式来处理复杂性，并在降低（或完全移除）其平台的运营负担的同时，能够与组织的发展同步扩展。

2. 数字化工具的应用

在我们的讨论中，企业通过混合搭配各种工具来实现流程数字化。分析师构建框架，指导客户在他们的旅程中导航。加特纳（Gartner）将其框架称为超级数字化，HFS Research 称之为一体化办公，福雷斯特研究称它为数字化纤维。这些概念的核心思想始终是：数字化工具应该被用在最适合它们的地方。然而，如果没有编排，很少有企业在实践中做到这一点。如果有的话，则其真正实现了分析师所提出的最佳实践。

实际发生的情况是，对每个工具如何应用的决策由购买该工具的团队来做。每个团队使用他们选择的工具，并且常常过度使用它们，试图解决所有遇到的问题。这个时候，任何宏观且有意图的战略规划都变得模糊不清。

到目前为止，我们已经查看了各种数字化工具类别，并讨论了它们的优缺点。现在,让我们通过一个中等规模企业的假设流程来应用它们。假设我们谈论的企业名为 FusionSoft,销售一款 SaaS 产品,拥有大约 2000 名员工,并试图采用超级数字化方法。所讨论的流程是计费和完成客户购买。IT 团队在业务的有限帮助下进行数字化。

几乎每家企业都能在某种程度上与这样的流程产生共鸣。客户的购买是企业的重大事件,而采购订单通常是启动这一过程的。这一流程涉及多个团队,包括销售、财务、客户成功、支持和产品。

下面让我们深入了解 FusionSoft 的采购订单(PO)流程。

第一部分:采购订单处理(见图 16-2)。

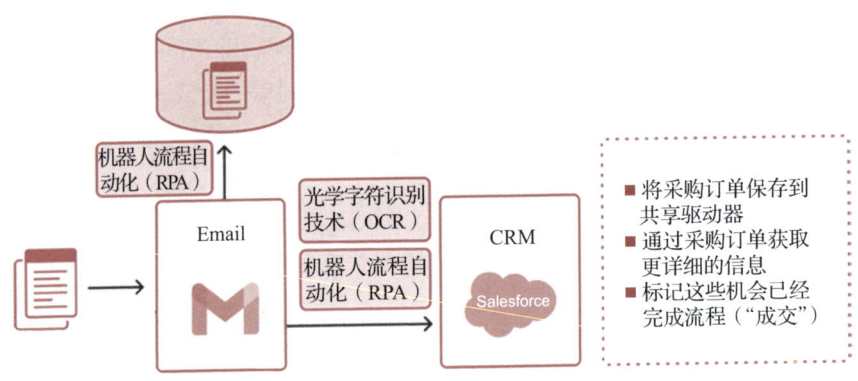

涉及的工具:
- 光学字符识别技术;
- 机器人流程自动化。

图 16-2 采购订单处理

当采购订单(PO)最初由 FusionSoft 收到时,会有一封电子邮件送达一个公共收件箱,这是启动流程的业务事件。销售运营团队过去常需手动检查这个邮件箱,但随着业务忙碌,这项工作变得压力山大。因此,他们创建了一个 RPA,用来保存 PO 附件,并通过光学字符识别工具提取数据。

RPA 接着会使用它的凭据登录 Salesforce，并将数据粘贴到商机和账户对象的正确字段中。RPA 还会创建一个文件夹，并将 PO 文件保存到一个共享存储驱动器中。最后，它将在客户关系管理系统中将商机标记为"成交"。

第二部分：发票发送（见图 16-3）。

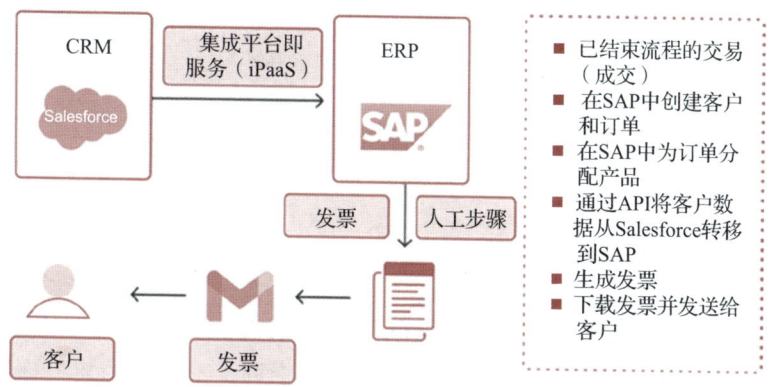

涉及的工具：
- 集成平台即服务（iPaaS）；
- 人工步骤。

图 16-3　发票发送

企业知道订单已经存在了。现在，他们需要向客户发送一张发票以便收款。所有 ERP 系统上的工作都由 FusionSoft 的 IT 团队负责。他们决定使用他们的 iPaaS 工具来整合 Salesforce 和 SAP。一个监听器捕捉到了已成交的订单，数据开始通过一系列 API 移动，以在 SAP 中创建一个客户记录和一个订单记录。一个产品被分配到订单上，相关的 Salesforce 账户和机会的数据被同步过来。接下来，iPaaS 触发在 SAP 中生成一张发票。然后，销售代表需要下载它并通过电子邮件发送给客户。

第三部分：配置（见图 16-4）。

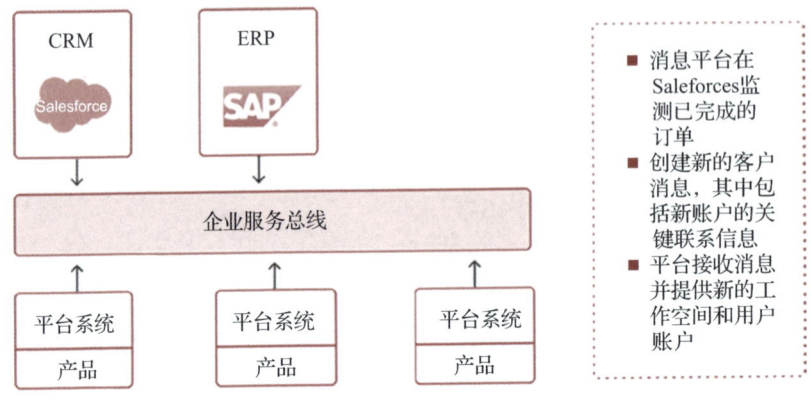

涉及的工具：
- 企业服务总线。

图 16-4 配置

在向客户开具发票后，他们需要获得所购买产品的访问权限。产品团队已经在 Salesforce 中设置了一个自定义的网络钩子（Webhook），它监听平台事件。网络钩子会在他们的消息平台上创建一条消息，包含客户的姓名和电子邮件地址，用于配置新许可证和为新用户创建一个全新的工作空间。这条消息会被传递到构成该产品的各个平台系统中，然后进行新用户注册。

第四部分：成功与支持（见图 16-5）。

一旦新用户设置完成，销售与客户支持之间的交接就会发生。数据通过应用程序之间的原生集成，从 Salesforce 移动到 Zendesk，这包括账户详情、用户详情和合同信息，以帮助客户服务团队追踪生命周期和增销机会。由于支持团队使用不同的系统（在这种情况下是 Asana）来管理他们的工单，一个影子 IT 工具被用来将案例同步到 Asana。因为团队喜欢使用在线表格工具进行客户调查，另一个影子 IT 连接被设置用来将结果拉回 Zendesk。

第五部分：产品使用分析（见图 16-6）。

阅读心得

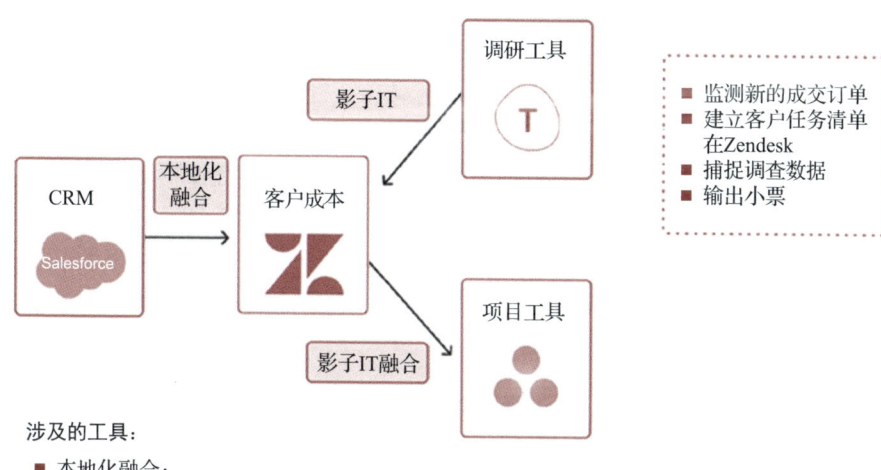

图 16-5　成功与支持

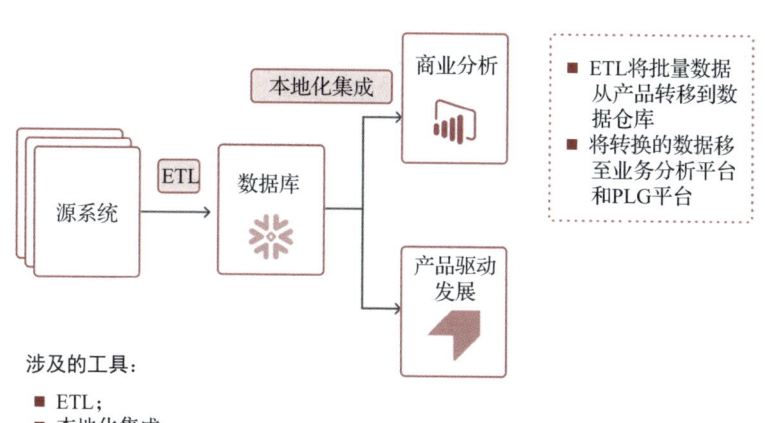

图 16-6　产品使用分析

在合同进行了几个月后，产品分析团队将寻求对客户的使用情况进行一些深入分析。数据量达到数百万行，包括应用内用户操作、频率、应用使用时间以及用户成果。为了处理这些数据，团队在几个月前雇用了一位外部顾问，实施了 ETL 解决方案，将所有产品数据从源系统抽取到数据仓库中。

阅读心得

然后，他们通过本地化集成将 BI 解决方案连接到 Snowflake，以便能够分析并利用这些数据。

以上五部分的流程综合起来如图 16-7 所示，只是展示了典型企业中发生的情况。当然，每家企业都有很大的不同，每个行业的应用、步骤和要求也会有所变化。销售运营团队看到了提高效率的机会，于是他们构建了一个 RPA；IT 团队以一种熟悉的方式引入了 iPaaS；客户服务团队得不到他们需要的东西，所以他们购买了一个影子 IT 工具来帮助他们实现目标。

企业采用这种方法能够应付过去，这已经成为许多企业的现状。但我们要看的是，当专业化成为常态时会发生什么。让我们通过一些场景来进一步解析这个问题。例如，假设一位 Salesforce 管理员无意中改变了机会记录中字段的布局。突然间，依赖于字段布局的 RPA 不再知道从采购订单中将数据粘贴到哪里，顾客可能要过几天才会提醒他们的代表说他们还没有收到发票。然后，代表必须与销售运营团队联系，询问为什么 SAP 中还没有可用的发票。也许销售运营会发现问题并迅速解决，也可能不会。无论如何，顾客的体验已经开始糟糕了。预案延迟的时间比他们预期的要长，企业的形象也受到了损害。

如果一个销售代表为本应在第三部分中被配置的新管理员用户输入了错误的电子邮件地址怎么办？在这种情况下，账户将被配置到一个不存在的电子邮件地址。再次，几天过去了直到顾客联系上来，询问发生了什么。在这种情况下，客户服务团队需要做一些严肃的侦查工作来确定问题所在。再次，一个简单且很可能常见的错误导致了流程的崩溃，影响到了顾客。

当数字化被孤立和专业化时，很难弄清楚问题出在哪里。换句话说，追踪问题很困难，而且没有内置的异常处理机制。当不同的团队各自为政，没有人能看到全局时，这可能会导致旁观者效应。

阅读心得

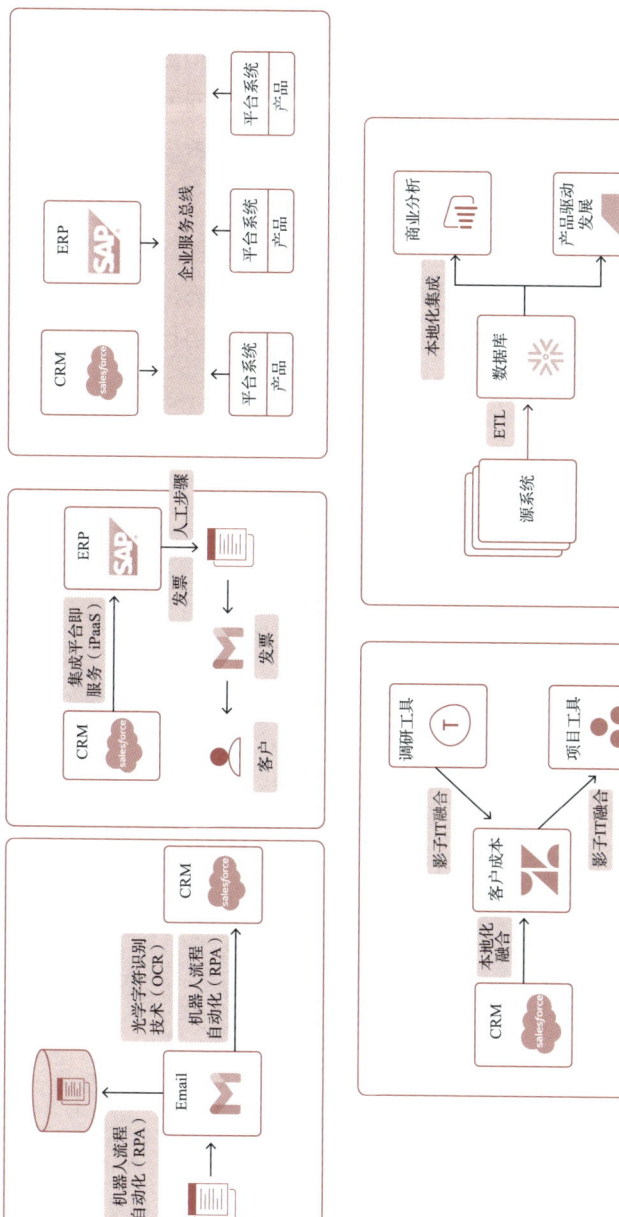

图 16-7 综合流程

阅读心得

更重要的可能是缺少了什么。我们如何找到迭代、改进和增加流程的机会呢？这些集成是僵化的。如果 FusionSoft 的市场在类似新冠疫情的事件中消失，它们将不得不重建。在有时间推出新产品或转向另一个未开垦的机会之前，这几乎是不可能完成的。这些不同的解决方案可能花了几个月或几年来构建。重大变革是不可能的。

Salesforce 几乎存在于这一流程的所有部分并将其连接起来。然而，这是具有欺骗性的——整个流程中到处都是孤岛。ERP 系统、Zendesk 和分析工具彼此完全孤立。没有数据来回共享，团队开始在自己断开的世界中操作。他们最终独自工作，专注于自己的专业领域。

阅读心得

第 17 章

The New Automation
Mindset

企业数字化

战略如果不能得到有效执行，就只是一纸空谈。

——克莱顿·克里斯坦森（Clayton Christensen）

在回顾我们为建立新的数字化认知和解决数字化问题所做的多次尝试时，我们意识到需要一种方法将认知与实践紧密相连。我们的目标是摆脱那种解决一个问题却引发另一个问题的循环。为此，我们需要一个强大、统一且具有战略性的方法来确保企业数字化能够真正落地并产生实效。这要求我们不仅要关注技术的应用，还要考虑如何整合资源、优化流程，并确保所有利益相关者都能从中受益。通过这样的方法，我们可以确保数字化转型不仅仅是技术的升级，而是整个组织运作方式的革新。

为了实现数字化转型，我们需要一种战略性方法，这种方法不仅要促进广泛的团队参与，还要能够整合不同的元素。这种方法应该像"胶水"一样，将应用程序、人员和专业的数字化工具紧密结合在一起。同时，它还需要能够协调整个端到端的流程，保持必要的灵活性，以适应不断变化的业务需求。

虽然这听起来可能是一个挑战，但实际上，这样的方法是完全可行的。许多企业已经在这一领域取得了进展，我们通常将这种努力称为"企业数字化"。通过采用这种方法，企业能够确保数字化转型不仅仅是技术的堆砌，而是能够真正融入企业文化和运营中，从而推动持续的创新和增长。

17.1 数字化认知的能力

在本章中，我们将探讨实现企业数字化所具备的数字化认知。图 17-1 总结了数字化认知所需的能力。

在数字化领域，我们观察到不同的技术提供了多样化的能力。然而，并非所有技术都同等地贡献于业务价值。例如，有些技术可能在技术层面上具有很高的性能，如 TPS（每秒事务数），这是一个衡量系统每秒能够处理

阅读心得

的"消息"或事件数量的指标。虽然从技术角度来看，高 TPS 听起来非常吸引人，但它并不总是直接转化为企业所需的速度、灵活性或效能。

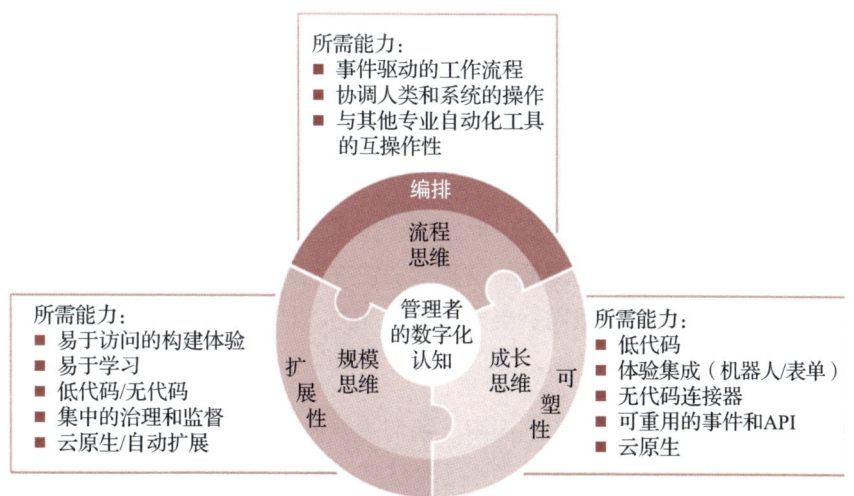

图 17-1　数字化认知所需的能力

因此，我们需要超越纯粹的技术指标，关注那些能够为企业带来实际商业价值的技术。这意味着我们应该评估技术如何帮助企业实现其战略目标，提高运营效率，增强客户体验，以及推动收入增长。只有这样，我们才能确保技术投资能够为企业带来真正的、可持续的价值。

虽然 TPS 等技术指标可能在某些情况下有用，但它们不应该成为我们关注的唯一焦点。相反，我们应该将注意力集中在那些能够直接支持和推动业务成果的技术上。这样，我们才能确保我们的技术投资与企业的长期目标和愿景保持一致。

性能和能力是重要的考量因素，但它们的重要性必须放在我们期望实现的结果的背景下来评估。虽然非常高的每秒事务数（TPS）对于某些特定的场景可能是至关重要的，但这并不意味着每个用例都需要如此高的性能。

阅读心得

如果高 TPS 只适用于 5000 个用例中的 2 个，那么我们必须考虑这是否应该成为所有用例的普遍要求。在这种情况下，我们可能需要重新评估我们的策略，以确定是否应该为这些特定的用例投资高 TPS 解决方案，或者是否应该寻找专门针对这些用例的工具。

17.2　技术应服务于业务目标

企业如果过分专注于技术本身，而忽视了技术应该服务于业务目标，就会导致资源的浪费和效率的降低。这种做法往往是为了满足少数边缘用例的需求，而牺牲了对大多数用例更为关键的能力。结果，数字化生态系统变得复杂，并难以管理和优化。

为了打破这种以技术为中心的局限，我们需要倡导数字化认知方式。这种新方式强调从业务目标出发，而不是单纯追求技术需求。这意味着我们应该专注于那些能带来实际商业价值的业务流程（见图 17-2），并围绕这些流程来选择和部署技术。

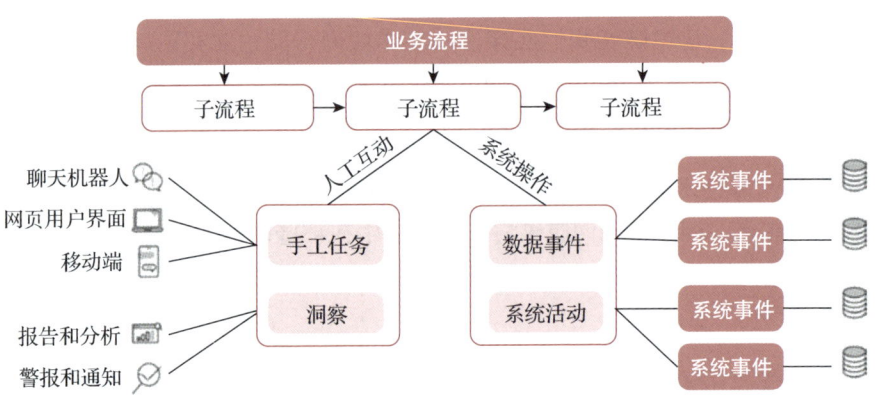

图 17-2　能带来实际商业价值的业务流程

每个业务流程由一个或多个子流程组成，如图 17-3 所示。

阅读心得

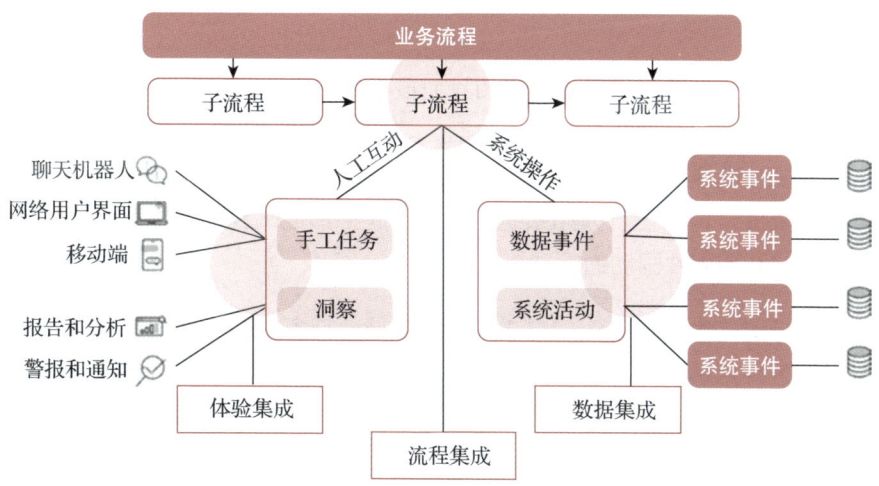

图 17-3 业务流程的子流程

每个子流程都包含以下几个方面。

- 人工互动。
    - 手工任务（例如，审查费用报销申请、批准休假时间、明年的预算等）。
    - 洞察（例如，新签合同的通知，每周顶级客户报告等）。
- 系统操作（收到发票、新员工入职等）。
    - 数据事件（收到一张发票，雇用一名新员工等）。
    - 系统事件（更新客户记录、启动月末处理流程等）。

数字化流程需要在企业的动态环境中运行。这意味着人工任务和系统操作需要通过多种渠道互动。

- 通过电子邮件、移动设备、网站、聊天机器人等通信工具。
- 使用各种应用程序，包括本地部署应用、SaaS 应用和云基础设施。
- 凭借存储在数据仓库、数据湖、数据库、文件、文档中的数据。
- 与合作伙伴和供应商合作，包括内部和外部的人员和系统。

通过仔细观察，我们可以识别出三大集成能力支柱，以实现业务流程的全

阅读心得

面数字化。

- 体验集成。涉及与员工、客户和其他核心利益相关者的互动
- 数据集成。整合多个系统中的数据，以确保数据一致性，进行系统更新，以及监控数据中的业务事件。
- 流程集成。将人工行为和系统行为结合起来形成端到端流程，处理异常路径并利用事件驱动的行动。

为了支持这些大规模的集成需求，我们需要允许多种架构风格。这些风格满足了各种用例和实施它们的人物角色的不同需求。好的架构使团队能够构建更易于操作、测试和扩展的解决方案。它还使他们能够共享可重用的资产。

可重用的资产和能力是我们解决每个问题过程中的副产品，这些能力然后可以进一步结合成"可组合数字化"。例如，考虑一个在新员工被雇用时创建活动目录账户的数字化。当新员工被雇用时触发的逻辑可以在其他数字化中重用。

因此，它应该作为可重用的服务或事件保留。当我们的团队拥有流程思维时，这个问题通常会自然解决。流程思维意味着要超越创建活动目录账户的任务。相反，优先级应该是数字化员工入职过程。当我们考虑整个流程时，新雇员逻辑的可重用性变得显而易见。

17.3 企业数字化要素

选择合适的技术和合适的架构只是成功的一半。有许多企业，即使在看似做出了好的工具和架构选择之后，也仍然面临挑战。以下例子展示了这一点。

例1：FinanceCo（金融企业）投资了一项顶尖技术，这项技术受到了开发人员的青睐，并决定构建一个事件驱动架构（Event-Driven Architecture，

EDA）。然而，在这一决策过程中，FinanceCo 没有充分考虑这项技术如何与它的业务需求和运营模式相匹配。两年的时间和大量预算投入后，虽然 FinanceCo 在数字化方面取得了一些进展，但业务部门对于整体的进展速度感到不满。FinanceCo 在重新审视运营模式后，意识到所投入的昂贵技术并不适应新的运营模式。这一发现促使 FinanceCo 重新思考技术选择与业务需求之间的关联。

例 2：RetailCo（零售企业）对公民开发这一概念抱有很高的期望，并投资购买了最新的低代码技术平台，以期让企业内的每个成员都能够参与到数字化工作中来。然而，这一决策过程中缺乏对治理机制的考虑。两年后，RetailCo 发现自己面临着成千上万的数字化任务，这些任务要么是不稳定的项目，要么是未完成的半成品。这种情况不仅给企业带来了安全风险，还拖慢了业务进程。RetailCo 认识到选择的工具缺乏必要的治理能力。

这些失败并不是因为技术、架构或运营模式有问题。问题在于这三个要素之间没有相互协调以支持更大的业务成果。

正确协调这些要素被称为企业数字化，如图 17-4 所示。

企业数字化不是一个软件类别，是一种战略性的方法，结合了方法论、技术和运营模式，旨在帮助首席信息官和 IT 领导者能够应对流程数字化、数据一致性和协作的挑战。通过这种战略性方法，企业能够以适当的治理结构和数据的民主化处理，确保数字化举措能够全面满足业务需求，从而推动企业的持续创新和增长。

17.4　企业数字化平台

实施企业数字化时，我们仍然需要回答"应该使用什么工具？"的问题。我们讨论的不是用来解决特定用例或技术问题的工具。企业需要能够将人员、系统和专业数字化工具整合在一起，以便能够重新聚焦于要优化的业务流程的工具，那就是企业数字化平台。

阅读心得

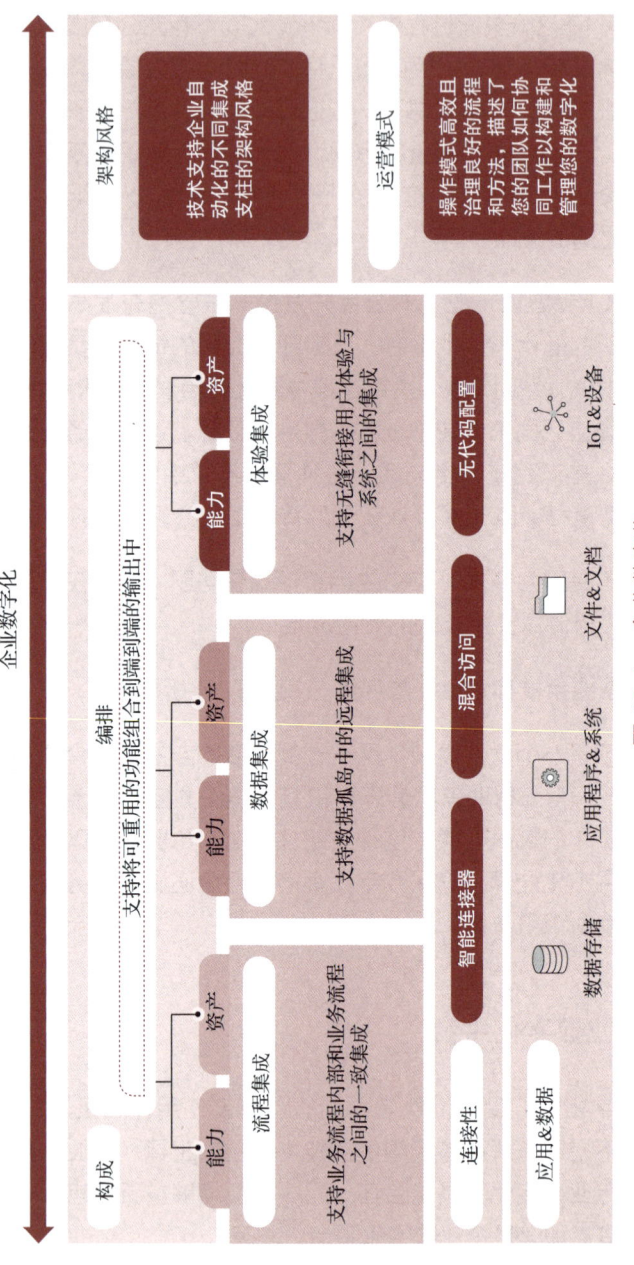

图 17-4 企业数字化

正如前几章所讨论的，低代码／无代码技术在实现可塑性和民主化方面发挥了关键作用。低代码／无代码使企业迅速开展数字化战略，并且使企业内更多部门和人员能够参与构建数字化。当所有的建设者使用一个共同的平台时，就打破了信息孤岛并消除了在孤立的交付团队中经常出现的知识碎片化问题。由此，企业在跨职能沟通、可见性和故障排除方面得到了显著提升，实现了作为一个统一整体的运作。因此，低代码／无代码是企业数字化的核心需求。这一需求必须由一系列广泛的能力来支撑，以满足过程、数据和体验整合的需求。图 17-5 给出了企业数字化平台（EAP）需要跨越多个软件领域的能力，如应用程序接口管理（APIM）、集成平台即服务（iPaaS）和机器人流程自动化（RPA）。

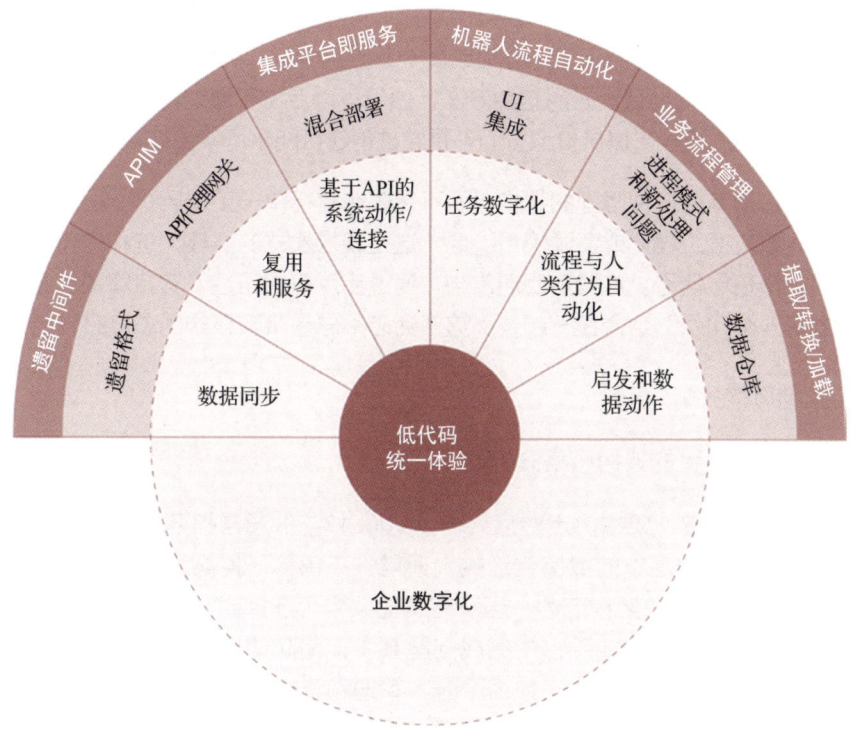

图 17-5　企业数字化平台跨越多个软件领域

阅读心得

1. 架构风格

如图 17-6 所示，企业数字化平台架构风格需要由专门的数字化工具支持，以协调业务流程并创建新流程、数据和体验集成。然而，EAP 也必须支持所需的架构风格和运营模式。

成功的企业数字化策略的核心原则之一，也是 EAP 的一个关键要求，即 EAP 必须支持广泛的应用场景，因此不能通过单一的架构风格来实现。

例如，在处理遗留数据集成的场景时，通常会涉及需要高度专业化的资源来构建这些能力，那么利用重点放在通过微服务和 API 进行复用的架构风格就显得顺理成章。在这种情况下，团队的能力与解决方案和架构风格相匹配。

另一方面，如果我们有一个数字化民主化项目正在进行中，相对技术经验较少但拥有丰富业务知识的团队成员更适合与点对点架构（Point-to-Point Architecture）相结合。采用这种方法，他们可以专注于通过将系统和资产组合成端到端的流程来提供价值，而不是尝试创建可能永远不会被复用的资产。

因此，必须支持多种坚固的架构，而不是强制执行单一架构风格，但这也可能会导致过度工程化或资源浪费。像"这是架构模式的圣杯"这样的声明通常是一个警告信号。这些声明通常与"通过启用可重用性，它将解决您组织中的每一个问题"结合在一起，而这些话必须总是带着怀疑的态度来看待。

2. 架构风格分析

企业数字化平台的架构风格分析如下。

- 点对点（P2P）架构。点对点架构（见图 17-7）通常指两个或更多应用程序之间建立基本的数字化连接。通常，不包含任何高级架构的解决方案会被归入 P2P 架构范畴。当没有其他架构可选择时，P2P 架构成为默认架构。传统的集成平台中集成问题频发，团队使用混合的、复杂的且往往是自定义技术创建了数百个无人管理和无监控的集成。这是一个运营噩梦，也不是实施 P2P 架构的正确方式。尽管如此，P2P 架构在现代数字化实践中依旧有其适合的时机与场合。

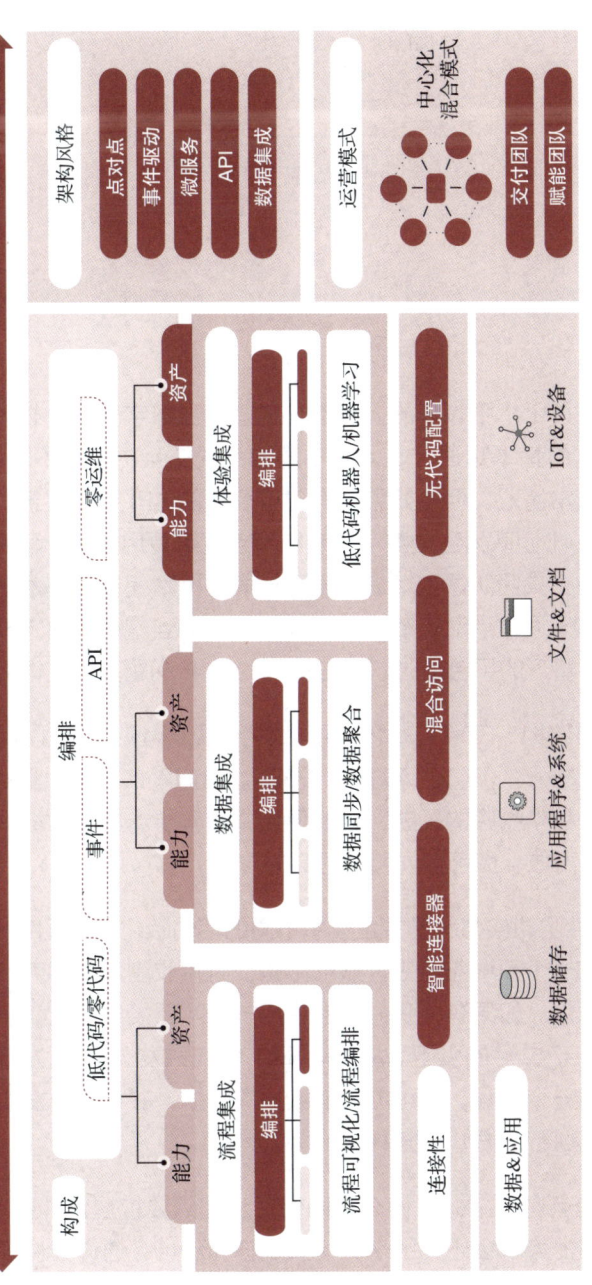

图 17-6 企业数字化平台架构

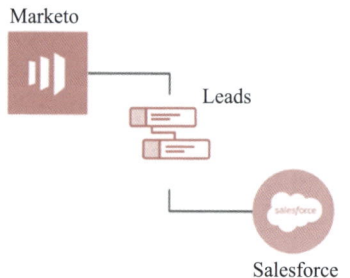

图 17-7　点对点架构

考虑到那些技术水平较低的人员参与构建企业数字化时，必须具备构建数字化所必需的基本知识：如何与不同的系统交互、理解不同的数据结构、思考各种异常情况。但是如果要构建可复用的 API 或微服务，通常由企业内的前瞻性 IT 团队为这些数字化参与者创建可复用的资产和服务。这使得服务可以由中央团队适当地进行管理，同时仍然使这些技术水平较低的人员能够专注于通过点对点解决方案提供价值。当这些解决方案建立在一个共享、良好管理的平台上时，过去传统的 P2P 问题基本就得到了解决。

- 事件驱动架构（EDA）。事件驱动架构（见图 17-8）可以说是最古老的集成形式之一，仅次于点对点（P2P）。长期以来，事件驱动架构一直受到开发者和架构师的关注，它的反应式和异步本质通常被认为是处理流程执行最高效、最可扩展和最可靠的方式。

基本上，事件驱动架构就是将企业中不同的活动转化为"事件"。举个例子，我们可能有一个系统监控应付账款邮箱。当接收到新邮件时，我们检查是否有发票附件。如果有，我们就会生成一个"新发票接收"事件，其中包含对发票 PDF 文件的引用。从那里开始，每当触发一个"新发票接收"事件，就会启动另一个流程，它可能会继续抽取数据，并将这张发票上传到你的企业资源规划（ERP）系统中。

这与简单的点对点架构有什么不同呢？当您需要扩展这种数字化的时候，这种模式的优势就会体现出来。比如说你偶尔也会通过邮件收到发票，您现在可以扫描您的发票，并让相关的数字化创建一个"收到新发票"的事件，该事件指向您扫描的 PDF 文件。您不需要担心其他的工作流程，因为这个事件现在会自动触发将发票导入企业资源规划（ERP）的过程。这种快速接入并扩展现有的数字化流程的能力，就是事件驱动数字化如此强大的原因。

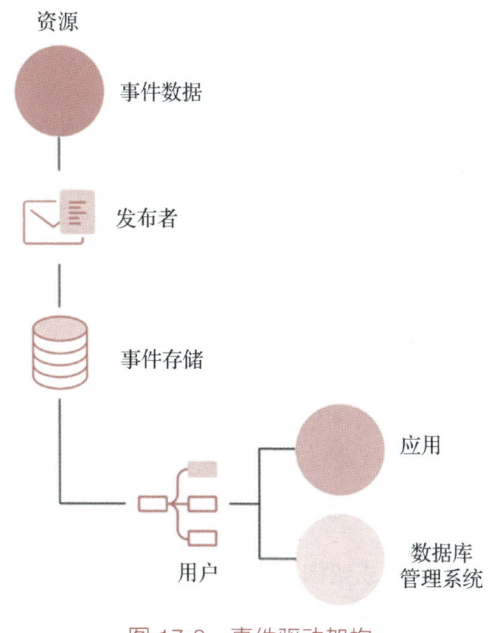

图 17-8　事件驱动架构

然而，事件驱动架构通常需要复杂的消息系统和第三方组件，这使得它的使用过于复杂。幸运的是，企业数字化平台带来了 EDA 的好处，同时简化了相关的复杂性。EAP 通过管理消息队列、路由以及事件处理的复杂性，实现了只专注业务事件。

- 微服务 /API 架构。微服务 /API 架构（见图 17-9）是用来明确定义可复用业务能力的绝佳方式，无论是为了系统抽象（例如，API 来协调必要的调用以在 Netsuite 中创建销售订单），还是有价值的业务能力（例如，"创建一个客户 API"，这又将在所有相关系统中创建一个客户记录）。微服务与 API 通常是相辅相成的概念，因为使用 REST（Representational State Transfer，表述性状态传递）API 是展现微服务能力最好的方式之一。

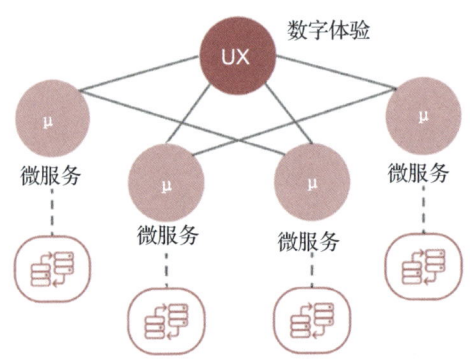

图 17-9　微服务 /API 架构

使用微服务 /API，企业可以创建封装可重用逻辑的组件，与供应商 / 合作伙伴共享数据，提升用户体验，甚至将业务流程作为一项服务，这也是企业数字化平台创建 API 以及使用这些 API 的关键要求。

- 数据集成架构。数据集成架构（见图 17-10）的目标是服务于轻量级主数据管理（MDM）解决方案。它专注于为核心业务数据实体（例如，客户、员工）以及与该数据相关的业务事件（例如，新员工入职、客户入职）构建记录。

许多数字化操作通常直接与核心业务记录（员工、客户、发票、合同、产品等）相关联，因此，对于 EAP（企业应用平台）来说，允许并支持这种架构模式非常重要。例如，随着客户在企业的生命周期中处于不同阶段时，我们可能想要触发其他数字化动作（欢迎电邮、计费、礼物、活动邀请、调查等）。与其让这些数字化从包含客户记录各个方面的 10 个不同系统中触发，不如使用数据中心架构来集中这些数据，使得所有与客户相关的自动化都可以从一个单一的中央数据和事件源触发。

阅读心得

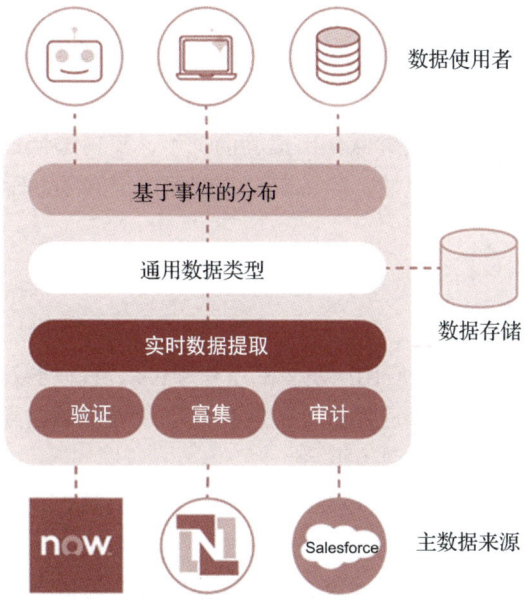

图 17-10　数据集成架构

这种架构可以极大地简化创建未来数字化过程,从而进一步促进技术水平较低的团队成员能够参与并实现数字化。

17.5　企业数字化的三大支柱

企业数字化的三大支柱包括流程集成（Process Integration）、数据集成（Data Integration）和体验集成（Experience Integration）。我们通常会发现一个流程的各个组成部分或步骤会归入这些分类之一。接下来我们将深入探讨每个支柱所需的一些关键考虑因素。

1. 流程集成

- 编排。企业应用平台（EAP）应该能够连接不同的流程，包括它们所依赖的资源和应用程序。处理典型业务流程的各种时间要求和逻辑路径至关重要。
- 可靠处理。需要以确信业务事件将被可靠的传递的方式执行流程。一个遗漏的记录或交易可能会大大削弱对数字化解决方案的信心。
- 事务完整性。事务需要确保在出错的情况下，支持适当的回滚或补偿逻辑，以维护事务的完整性。简单来说，如果出现问题，EAP 需要能够清理混乱。

2. 数据集成

- 连接性。连接性是捕捉应用层发生的所有事件以及任何数据孤岛的关键。消除理解和连接到不同应用程序的复杂性可以极大地提高开发速度，并使更多的构建者能够使用该平台。
- 数据。一个 EAP 应该提供必要的元数据，以理解我们正在处理的不同系统、应用程序和数据存储。例如，一个数字化构建者应该能够看到他们正在连接的应用程序中的记录类型和字段名称。这极大地加速了开发并使更多的构建者能够参与。
- 数据转换。鉴于众多应用程序和数据结构，我们需要一个强大而简便的方法来处理所有数字化中所需的数据转换。

3. 体验集成

- 统一平台。一些软件供应商尝试通过购买方式获得全功能产品。但实际上，客户得到的是统一的账单，却有着糟糕的用户体验。统一平台的承诺只有在一个从头开始为了企业数字化而构建的平台上才可能实现。
- 低代码聊天机器人。提升体验就是在客户（或者员工）所在的地方满足他们的需求。像 Slack 或 Teams 这样的平台正在成为"新的用户界面"，应用程序的发布周期更快，并可以随时随地进行访问。因此，企业数字化平台应该将聊天机器人作为一级支持对象。
- 低代码应用程序。与聊天机器人相似，低代码/无代码开发正日益渗透到软件开发的各个方面，用户界面当然也不例外。因此，一个企业数字化平台应该在企业数字化的背景下支持低代码应用程序的构建。

企业数字化平台最重要的特点，以及它与其他选择如传统的企业服务总线（ESB）或 RPA 的不同之处，在于它通过降低入门门槛，使机构内更广泛的角色群体能够平等地访问资源。

拥抱数字化，让更多的建设者参与进来，定义高效且管理良好的流程，相互协作构建和管理数字化的团队，这些是成功运营模式和数字化实践的关键。我们将在下一章进一步探讨这一点。

阅读心得

第 18 章

The New Automation
Mindset

数字化运营模式

团结则强，分裂则弱。

—— J. K. 罗琳（J.K.Rowling）

有一种常见的误解，认为新技术会立即让企业变得更好。不幸的是，数以百万计的技术项目的失败表明事实并非如此。麦肯锡发现，大型技术项目中有很大一部分未能实现既定目标，这并不是因为缺乏技术，而是缺乏一个精心设计、目标明确、执行得当的运营模式，这正是本章的主题。

18.1 数字化运营模式的分类

大多数企业在考虑数字化时通常只是默认采用当前正在使用的方法。你会听到这样的话："IT 部门的史蒂夫负责构建我们的集成和数字化，所以他可以解决这个问题。"

虽然史蒂夫才华横溢，但数字化不是企业中某个人的责任，它必须融入企业的基因。这需要一个深思熟虑的运营模型，以明确企业中的团队如何协同工作，以实现数字化。

企业的数字化运营模式如图 18-1 所示。

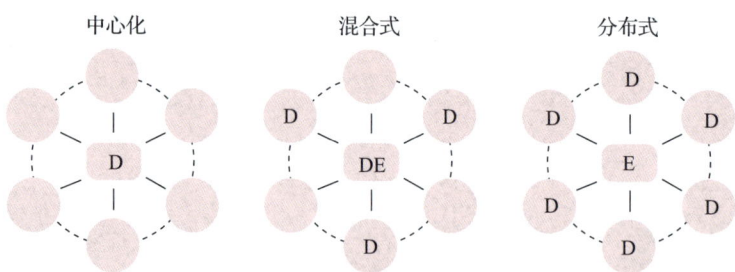

图 18-1　企业的数字化运营模式

D—交付团队　　E—赋能团队

- 中心化模式（Centralized Model）是从一个中心团队开始，该团队接受企业其他部门对数字化的需求。然后，这个团队负责确定优先级、构建并操作这些数字化程序。
- 混合式模式（Hybrid Model）仍然具有一个中心化交付团队，但增加了几个额外的团队来同样执行数字化项目。中心团队也会执行数字化工作，但它们还承担一个新角色，确保所有团队以一致的方式进行构建并进行治理，使它们能够高效工作。
- 分布式模式（Distributed Model）则颠覆了传统的中心化模式，它使许多团队能够实施数字化，而中心团队仅关注于赋能支持和治理。

上述三种模式在控制和敏捷方面的特性，如图 18-2 所示。中心化模式最适合控制，它通过将所有事务通过一个单一的中央团队来实现这一点；分布式模式最适合敏捷，因为可以跨部门利用企业内部的大量人员和团队。

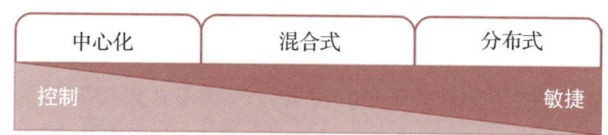

图 18-2　三种模式在控制和敏捷方面的特性

这并不意味着中心化模式不能快速，或者分布式模式就是无组织无纪律、缺乏控制。这意味着对于中心化模式来说，控制会更加自然，而敏捷则需要集中精力和投资。在分布式模式中，敏捷是自然而然的，但需要投资和专注才能实现控制和治理。

处于不同阶段的企业需要使用不同的模式，如图 18-3 所示。刚刚起步的企业（阶段 1）可采用中心化模式，这使得企业在交付首批数字化项目时有更多的控制权。在这个阶段企业还可建立数字化平台，并从最初的几个数字化项目中学习到经验。随着企业在数字化方面取得更多成功和需求增加，中心团队可以从交付数字化转变为更多地专注于赋能支持和治理，企业可以采用混合式模式（阶段 2），并最终过渡到完全的分布式模式（阶段 3）。保持一个强大的中央管理团队对于成功的分布式交付方法至关重要。这种运营模式是成功实现民主化的关键。

阅读心得

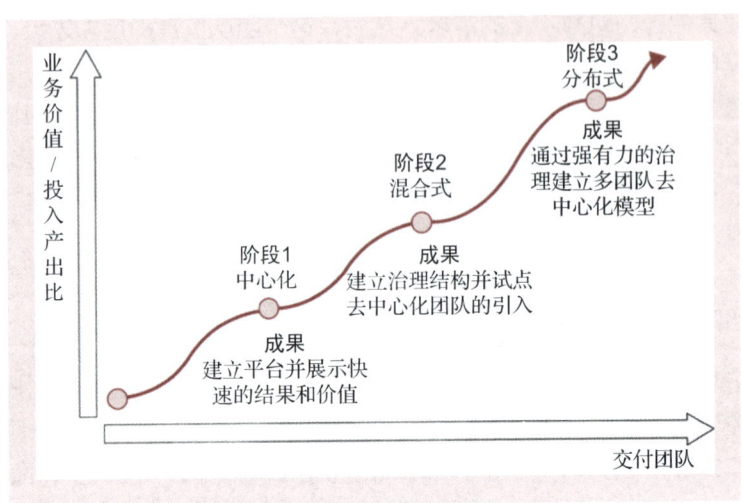

图 18-3 处于不同阶段的企业需要使用不同的模式

随着企业在不同阶段的循序渐进的发展，运营模式最终升级为分布式运营模式。企业可构建数字化卓越中心（CoE）并开始评估集成和数字化平台。经过多项工具的评估之后，这个平台编程门槛低、使用简便、可扩展性强，并且拥有强大的治理能力。

企业的中央管理团队首先为人力资源计划构建了第一批数字化工具。同时，他们建立了强大的治理流程，并创建了一个赋能计划，以便将更多新团队引入数字化，以数字化跨职能的流程，如工资和财务对账（Payroll-Fnance Reconciliations）。企业运营进入到混合式模式，现在有多个团队在该平台中构建应用。

随后，中央管理团队加大工作力度，建立了一个以网页形式呈现的数字化资源中心。任何对数字化感兴趣的团队都可以使用该网页了解如何参与进来。该团队还在网页上创建了一个社区，供人们分享想法和经验。这不仅是一个让团队学习的渠道，也是一个让团队之间进行交流的途径，同时还是一个加强团队沟通和协作的工具。这让数字化成为一个更吸引人的议题，会有越来越多的团队申请加入其中。

阅读心得

18.2　数字化运营模式的主体

企业建立正确的数字化运营模式，并以数字文化为其提供动力。将数字化应用到企业业务的各个角落是一条引导企业走向变革的道路。这种变革将影响企业内的许多人，他们需要支持变革。在实施数字化战略时，需要考虑以下三类群体：

- 领导层。数字化的广泛使用需要企业高层的认可和支持。
- 数字化开发者。负责为企业构建和维护数字化系统的人员将需要学习新技能和面对新挑战。
- 数字化用户。在数字化任何业务流程时，有大量的员工的工作可能会因数字化而发生变化。

以上群体都有其独特的激励因素，简单地指示他们应该做什么往往效果不佳。我们的目标是深入理解他们的动机，并引导他们认识到采取行动的潜在益处，以帮助他们实现更有效的个人成长和发展。表18-1给出了三类群体的激励因素和关键信息，这些信息已被证明能够与他们产生共鸣，进而更精准地激励他们，促使他们积极参与和持续进步。

表18-1　三类群体的激励因素和关键信息

团队	激励因素	关键信息
领导层	大多数组织的领导层主要关注成本、收入和速度	分享数字化的影响及其如何节省资金、使公司运营更快，并在某些情况下增加收入的见解
数字化开发者	数字化开发者希望对组织产生积极影响，并希望拥有完成此任务所需的知识、工具和控制力	提供易于使用的工具、培训和护栏，使他们只需将自己想要自动化的过程知识带上即可。消除进入的障碍是关键
数字化用户	数字化用户有自己的工作要做。除非有利于改善，否则他们不希望日常流程发生变化	展示数字化后的世界如何使他们能够完成更多有价值的工作，而不是无聊和重复的工作。同时，强调机器人并不是来接管工作的

当这些关键信息深入人心后，你会看到企业开始发生变化。达到这一点并不是通过一封简短的邮件或 PowerPoint 演示就可以实现的。这些关键信息可能会遭到怀疑甚至某种程度的抵制。因此，让这些关键信息产生共鸣的最有效方法不是说出来，而是通过行动证明。

最后且最重要的角色是你，无论你是谁，无论你在企业中处于什么位置，你都可以成为数字化的倡导者。每个企业都需要有人看到数字化的机会并描绘出一个愿景。事实上，你正在阅读这本书并且已经读到这里，很可能意味着你相信这是可能的。现在，你已经掌握了实现全面数字化所需的知识，这使你成为数字化的理想倡导者。无论你是 IT 架构师、财务分析师，还是首席执行官，都没有关系。组织已经看到这些角色在发起并推动重大的数字化倡议。

现在您明白了数字化为什么重要以及如何在您的企业中实施这一变革。只剩下一件事要做了，开始吧！

参考资料

Bucy, Michael, Adrian Finlayson, Greg Kelly, and Chris Moye, "The 'How' of Transformation," *McKinsey*, May 9, 2016, **https://www.mckinsey.com/industries/retail/our-insights/the-how-of-transformation**.

第 19 章

The New Automation
Mindset

企业的未来

今天做别人不愿做的事，明天就能做出超越别人的成就。

——西蒙·拜尔斯（Simone Biles）

2006 年，《纽约时报》曾宣告："互联网正在进入乐高（Lego）时代。"《纽约时报》还列举了开发者们所使用的构建模块。当这些模块被拼接在一起时，便形成了后来被称为"Web 2.0"的概念。其中一个构建模块是亚马逊（Amazon）最近宣布的服务，称为 S3（Super Simple Storage，超级简单存储），它成为后来亚马逊网络服务（Amazon Web Services，AWS）的基础。

19.1 亚马逊的 AWS

今天，AWS 已是云计算的基石，但其最初形态非常简单。2006 年，AWS 对世界来说是全新的，但其起源可追溯至 2000 年。当时，亚马逊试图为第三方卖家推出电子业务解决方案。亚马逊首席执行官安迪·贾西（那时是杰夫·贝索斯的首席助理）回忆，当时的开发人员对于构建和维护基础设施所花费的大量时间感到沮丧。他们认为自己是在不断地"重新发明轮子"，而试图用现有的软件堆栈为客户构建的解决方案也是困难重重的。贾西在 2017 年的一次讲座中提到："到了 2000 年，我们转变为一家服务企业，并且真正建立了对服务导向架构的信念，非常低调。"

为了提高效率，他们要求所有技术团队为其他团队提供开发良好的应用程序接口（API），以便在亚马逊内部共享使用。这种做法帮助亚马逊建立了一种灵活的架构来支持 Merchant.com 的服务需求，同时也带来了一个新的想法——如果亚马逊面临这些问题，其他企业可能也面临类似的挑战。

亚马逊的创新是成功打造数字化认知以推动企业业务发展的例子。正如《纽约时报》所描述的，这种创新有些像乐高，富有创造力的专业人士可以基于基本构件进行构建，而无须处理复杂的基础设施问题。

对亚马逊来说，AWS 是一个特别的产品。AWS 基础设施至今仍在亚马

阅读心得

逊内部使用，每年支持 25 亿个包裹的送达。但更为重要的故事在于亚马逊将 AWS 向公众开放。AWS 在 2020 年占亚马逊利润前利息和税收的 59%，总额达 22.9 亿美元。

多年来，许多企业试图模仿亚马逊的方法，但亚马逊拥有世界上最顶尖的技术人才团队来实现这一愿景。那些试图复制亚马逊模式的企业也为此雇用了许多高价开发人员。

19.2 亚马逊的数字化认知

亚马逊的数字化认知有以下三个关键要素。

- 建立数字化认知。亚马逊的领导层将他们所构建的内容与客户的目标进行比较，意识到虽然最终可以构建出客户需要的东西，但这并不是长远之计。他们将所有内容分解为基本构件，重新从零开始构建，始终聚焦于结果。
- 具备成长思维模式。当时，亚马逊所使用的系统已有八年历史，许多职业发展依赖于这些系统，数十亿美元的交易也依赖于它们。但亚马逊选择接受变革，愿意放弃他们熟悉的一切，重新开始。这种选择使得他们能够继续推动 Merchant.com 的计划。
- 拥有规模认知。安迪·贾西指出，当时企业平均花费 70% 的时间在维护基础设施上，只有 30% 的时间用于创新。他认为，如果能够找到一种途径来颠倒这个比例，那将非常有价值。今天，对基础设施的投资需求已经下降，越来越多的人能够将自己的想法付诸实践并进行创新。

如今，低代码技术使得新的数字化认知方式对每个人都触手可及。所有规模的企业不再只是梦想成为像亚马逊那样的企业——他们可以从第一天起就构建类似亚马逊的流程和架构。接下来，让我们看看两个真实创业企业的故事，他们正是这样做的。

阅读心得

1. 案例1

餐饮业是出了名的艰难行业，餐馆老板们必须克服低利润、高人员流动率和挑剔客户的挑战，抱着对行业的热爱投身其中，每一步经营都显得艰难而不易。

帮助餐馆老板专注于食品本身，同时简化烦琐的日常工作，是 Toast 的首要目标之一。Toast 的 CEO 克里斯指出，餐饮业是世界上最传统、最多样化且高度内卷的行业之一，尤其在技术和金融服务上常常被忽视。Toast 提供的销售终端平台使餐馆能够轻松接受现场就餐的信用卡支付，自业务推出以来进展顺利。在 2020 年 2 月，Toast 成功以 50 亿美元的估值筹集了 4 亿美元。然而，接下来的情况却急转直下。正如 CNBC（美国消费者新闻与商业频道）所言："在那轮巨额融资后的一个月，一切几乎都崩溃了。"

2020 年 3 月，线下餐饮行业收入暴跌 80%，Toast 企业陷入困境。早期投资者之一肯特·贝内特回忆道："我记得当时每天都在想，'天哪，我们完了'。"Toast 企业从拥有最佳市场的最佳服务，瞬间变成了没有市场——市场本身已不复存在。然而，即便面对如此困境，Toast 并没有选择退缩，而是加倍努力支持那些同样陷入困境的客户。

在接下来的几个月里，Toast 迅速调整策略，重建业务。他们推出了适应新环境的外卖和快递解决方案。例如，他们推出了 Toast Go 2 移动 POS 设备以及无接触支付系统。这些新服务完美地适应了市场需求的变化。到 2021 年 10 月 Toast 提交首次公开募股（IPO）申请时，公司已经产生了数亿美元的收入，几乎是 2020 年收入的五倍。他们支持的餐馆数量超过 48000 家，而 2020 年初时这一数字只有 20000 家，几乎翻了一倍。

Toast 的故事展示了管理者的数字化认知，他们迅速响应并成功应对市场危机，同时支撑起了成千上万的小企业，这是一个充满激励的故事。

将管理者的数字化认知作为企业的能力建设目标是非常吸引人的。有些企业完成了几个数字化项目就自认为已实现了数字化转型，但事实远非如此。"可塑性"和"成长思维"意味着数字化是一个不断演进、创新和迭代的过程，需要不断面对新的挑战并重新塑造自我。Toast 原本可以满足于他们的成就，庆祝一次令人瞩目的公开上市，但他们没有，而是更加努力地工作，以建立一家可以在未来几十年中继续蓬勃发展的企业。

2. 案例 2

Navan（前称 TripActions）是另一家具有令人振奋故事的企业。在 2020 年 3 月之前，Navan 刚刚完成了一轮估值达到 40 亿美元的融资，并计划在年底进行首次公开募股（IPO），当时业务蓬勃发展。然而，全球新冠疫情的到来几乎让旅游行业彻底消失。Navan 的客户大幅削减了旅行预算，并试图取消合同，导致公司收入骤降 95%。一段时间内，公司转入了求生存的状态，竭力说服客户继续履约并努力留住员工。

就像 Toast 一样，Navan 也不得不迅速调整他们的产品以保持业务生存。Navan Expense 是 Navan 推出的实验性支出管理产品，当时仅有 43 个客户。许多人对 Navan Expense 在竞争激烈的企业卡市场上能否取得成功持怀疑态度。在面对危机的悬崖边缘，冒险一搏成为唯一的选择。

Navan Expense 的设计目的是帮助员工支付航班、酒店、餐饮和租车费用。然而，在疫情期间，支出的重心发生了变化，员工们需要购买家庭办公用品，如桌子、显示器，或者是餐饮配送服务。由于 Navan 的构建目标就是快速调整与发展，他们能够在危机中果断下注。这一决定被证明是明智的——Navan Expense 迅速成为公司增长最快的业务线。

Navan Expense 的成功帮助 Navan 度过了商务旅行重新增长前的艰难时期。最初，这种增长只在高端市场中发生，尤其是大企业客户中。虽然大多数小企业削减了旅行开支，但一些大型企业保持了他们的预算，且在疫情持续期间，这些企业也更早地恢复了预算。看到这一点，Navan 增加了更多面向企业的功能，以更好地进入高端市场。

阅读心得

这两个故事展示了企业如何通过数字化认知和快速调整，成功应对危机并抓住新的增长机会。

Navan 的首席信息官金·赫夫曼（Kim Huffman）分享了三个优先事项。

- 韧性。继续为灵活性和规模扩张而建设。
- 成熟度。超越任务本身，提升企业整体能力。
- 增长。使企业能迅速转向新的增长领域。

拥有管理者的数字化认知的企业并不满足于达成一个终点目标，它们在不断变革中。金仍然觉得 Navan 有太多点对点的集成，应用程序接口尚未达到目标。她希望继续构建他们的面向服务的架构，并寻找更多灵活应对的方法，在成功的基础上持续改进。Navan 却势不可挡。他们是企业未来的一个了不起的例子。

新的数字化认知方式是对技术的全新思考方式，也是对业务的不同思考方式，但其核心是构建不可阻挡的企业之道。

参考资料

1. Markoff, John, 2006, "Software Out There," *New York Times*, (April 5), **https://www.nytimes.com/2006/04/05/technology/techspecial4/software-out-there.html**.
2. Statt Nick, 2021, "Meet Andy Jassy, Amazon's next CEO," *The Verge*, (February 3), **https://www.theverge.com/2021/2/3/22264425/amazon-new-ceo-andy-jassy-replacement-jeff-bezos**.
3. Long, Katherine Anne, 2021, "In the 15 years since its launch, Amazon Web Services transformed how companies do business," *Seattle Times*, (March 13), **https://www.seattletimes.com/business/amazon/in-the-15-years-since-its-launch-amazon-web-services-has-transformed-how-companies-do-business/**.
4. Ron, "Better Together: Thriving Through a Pandemic the Toast Way," *Tidemark Capital*, **https://www.tidemarkcap.com/post/better-together-thriving-through-a-pandemic-the-toast-way**.

阅读心得

5. Levy, Ari, 2021, "Toast Built a $30 Billion Business by Defying Silicon Valley and Surviving a 'Suicide Mission'," *CNBC*, (September 25), **https://www.cnbc.com/2021/09/25/toast-built-a-30-billion-business-by-defying-silicon-valley-vcs.html**.
6. Comparato, Chris, 2020, "Letter From the CEO on COVID-19 Impact," *Toast*, (April 7), **https://pos.toasttab.com/covid-19-impact-ceo-letter**.
7. Toast, 2020, "Introducing Toast Go® 2 and Toast Order & Pay®: Contactless Suite Empowers Restaurateurs to Keep Guests Safe and Grow Average Check Size to Navigate This Winter," *Toast News*, (November 16), **https://pos.toasttab.com/news/introducing-toast-go-2-and-toast-order-pay-contactless-suite-empowers-restaurateurs-to-keep-guests-safe-and-grow-average-check-size-to-navigate-this-winter**.
8. Schafer Brett, 2021, "Is Toast Ready to Take Over the Restaurant Industry?," *The Motley Fool*, (October 18), **https://www.fool.com/investing/2021/10/18/is-toast-ready-to-take-over-the-restaurant-industr/**.
9. Jeans, David, 2020, "Covid-19 Nearly Killed $4 Billion Corporate Travel Startup TripActions. Now It Has a $125 Million Lifeline," *Forbes*, (June 16), **https://www.forbes.com/sites/davidjeans/2020/06/15/covid-19-tripactions-funding/**.
10. Pimentel, Benjamin, 2021, "COVID-19 Bruised TripActions' Business. It Chose to Innovate," *Protocol*, (January 7), **https://www.protocol.com/tripactions-liquid-pivot**.
11. Mary Ann, 2022, "TripActions Secures $400M in Credit Facilities From Goldman Sachs, SVB," *TechCrunch*, (December 8), **https://techcrunch.com/2022/12/08/spend-management-startup-tripactions-secures-400m-in-credit-facilities-from-goldman-sachs-svb/**.

第 20 章

The New Automation
Mindset

新的职业道路

不断进取，才能保持最优状态。

——鲍勃·迈尔斯（Bob Myers，两次荣获 NBA 年度最佳经理人）

1908 年，戴姆勒汽车公司推出了第一辆汽车。这辆汽车被誉为"国王的座驾"，后来被称为梅赛德斯（Mercedes）。这家汽车公司拥有 1700 名员工，每年手工组装约 1000 辆汽车，专门为富人服务。直到今天，Mercedes 仍然是收藏家们的追求对象。尽管取得了成功，梅赛德斯并不是改变了交通运输的那款汽车。这一荣誉属于亨利·福特（Henry Ford）的 T 型车。多亏了流水线，福特将梅赛德斯的创新打包成了普通家庭也能负担得起的产品。大卫·亨肖尔曾观察到，流水线出现之时，工业社会已高度发达。但一旦流水线问世，其生产力之高使得此后几乎所有东西都通过流水线来制造。到 1908 年，福特生产了 10000 辆 T 型车。到了 1925 年，产量惊人地提升至每天 9000 辆车。一些分析师认为，福特创造了美国中产阶级。他的工人不仅能够买得起 T 型车，还因为福特创造的 40 小时工作周而有时间去驾驶它。

福特的真正创新是移动流水线。它不仅开启了汽车时代，也永远改变了工作的本质。然而，就像福特的许多其他工业生产洞察一样，流水线在许多工人中遭到了憎恨和怀疑。令人惊讶的是，多年后当革命性的创新成为历史，人们对变革的恐惧也被遗忘了。

变革的恐惧是人类共有的情感。在当下，许多人担心机器人、人工智能和数字化的快速发展可能会使我们变得无关紧要。一些政治家和记者正是利用这种根深蒂固的恐惧来推动自己的事业。这种恐惧不仅局限于技术领域之外，甚至在技术领域内部也有所体现。随着生成式 AI 的快速进步，人们开始对技术变革的影响提出质疑。面对技术承诺改变我们工作方式的前景，我们自然会有所顾虑。比如，这将对工作岗位产生什么影响？我的职业路径将如何改变？哪些新兴角色的价值将会上升？我应该怎么做才能保持领先？

在本书中，我们深入探讨了数字化的益处和实施方法。为了总结，我认为

阅读心得

我们应该回答那些人迫切关心的问题。我们的目标是尽可能全面地为您准备，以便您能迎接即将到来的技术革命。我们也希望坦诚地讨论那些不可避免会影响我们所有人职业生涯的变化。最终，我们想要探讨这些变化对社会的深远影响。

变化是永恒的，但某些创新，比如流水线，对社会有着巨大的影响。好消息是，我们以前见过这种情况。历史站在我们这边，因为技术每次都创造了更多的机会。麻省理工学院（MIT）的研究表明，今天所有工作的60%是在1940年之前不存在的。

20.1 经济价值的爆炸式增长

数字化音乐的力量是创造就业机会的一个绝佳例证。

18世纪雄心勃勃的发明家们花了多年时间尝试通过创造机器人小提琴手和其他能演奏乐器的人形复制品来数字化音乐。然而，机器人小提琴手并未改变音乐界。相反，录音的发明数字化了音乐，这导致了创意和价值的巨大爆发。

在19世纪末，人们担心录制的声音会毁掉一切。科林·赛姆斯在他的书《直言不讳》（*Setting the Record Straight*）中解释道："音乐精英们……担心留声机威胁到音乐的美学和道德条件……它的引入在华盛顿的公务员中引发了工业动荡，他们担心留声机会导致大量失业。事实上，1890年美国国家留声机协会首次大会上讨论的第一项议题就是这个问题，以及如何减轻留声机引发'技术性失业'的恐惧。"毕竟，如果你只需播放一张唱片，何必雇用音乐家呢？

结果证明录制音乐的成功发布在今天产生了完全相反的效果，这一创新孕育了成千上万的新工作岗位。在一张受欢迎的专辑发布后的巡回演唱会是录音声音释放的巨大经济力量的绝佳展示。从路人到音乐会推广者，再到商品摊位经理，每个人都可以将他们的职业生涯归功于录制的声音。随着

阅读心得

传播和货币化音乐的新渠道的创建，新的行业应运而生。

如果没有录制声音，生活肯定会更加单调。当然，就不会有收音机、电视、Spotify、Alexa 或播客了。史蒂夫·乔布斯也不会推出 iPod。我们可以沿着进步的脉络，探索各种有趣的方向。毕竟，如果没有 iPod，iPhone 会存在吗？如果 19 世纪的精英们成功阻止了爱迪生关于录制声音的创新，我们的世界将会有天翻地覆的变化。

20.2　数字化改变职业道路

当模仿人类工作的机器人和生成式 AI 模型占据了头条新闻时，一场激动人心的职业革命已在幕后悄然展开。低代码 / 无代码自动化平台正在企业中引发一场新的创意爆炸。如果你已经读到这本书的这一部分，你应该已经很好地理解了新的自动化思维如何为人们和公司创造前所未有的更多机会。

越来越多的商业领袖看到了低代码自动化将创造的机会。例如，大卫·彼得森最近发表的一篇题为《为什么"无代码运营"将成为科技领域的下一个大工作》的文章，很好地捕捉了这一点：如果我现在考虑如何进入一家初创公司，我会立即开始使用这些低代码工具。更好的是，我只会用这些工具开始自己的副业。

专注于低代码 / 无代码技术的角色正在数千家公司中出现。它们中的许多职位名称中都包含"运营"这个词。IT 部门的任务是支持并使这些操作人员能够使用更易接触的技术。操作人员能力的提升将继续推动对这些类型工作的需求。每个人都有新的机会来为他们的职业定位这一变化。让我们更仔细地看看运营职业是如何在世界各地的公司中涌现的。

20.3　运营角色与 BigOps 生态系统

新的运营（或操作人员）角色出现在公司的每个角落，从销售到安全。随着每个部门的软件栈不断增长,这些角色为它们提供支持。围绕这些专业人士正在形成的日益增长的生态系统被称为 BigOps,如图 20-1 所示。

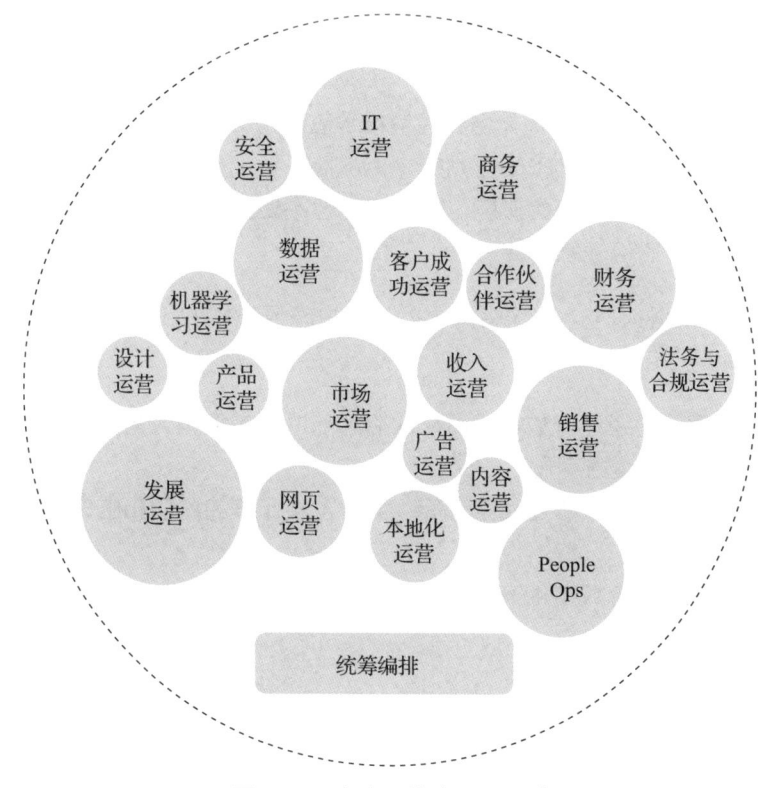

图 20-1 生态系统(BigOps)

现在,营销运营或 MOps 已经成为数千人的主要且可行的职业道路。庞大的营销技术领域迫使这些角色存在。许多营销团队能够从头到尾管理他们的流程,而不必依赖 IT。对这些专业人士的需求只会增长。到 2021 年底,美国有超过 25 万 LinkedIn 用户,全球近 60 万人的个人资料中包含了"营销运营"。该网站当时还列出了超过 15000 个营销运营专业人士的空缺职位。

BigOps 不仅仅是一个工作类别,它更是一个更大的趋势,表明商业正在如何转型以及什么正在变得至关重要。

BigOps 向我们展示了流程思维以及将人员、流程和技术编织在一起的能力，正成为几乎所有企业的基础设施要求。如果每个企业都需要 BigOps，那么运营人员将越来越重要。

在 MOps 角色的早期，优化各种营销技术应用是核心任务。今天，他们的角色已经扩展。数字化将成为 MOps 的核心，他们是潜在的创新者，他们能够通过合适的技术产生影响。当他们能够不受技术限制地发挥自己的创造力时，他们的价值就会增长。

在每个企业都存在类似的机会。BigOps 生态系统中的工作将变得更加重要。其他例子包括：

- 人力资源运营经理将数字化贯彻从招聘到退休的整个人力资源流程。新员工入职将完全数字化。
- 销售运营经理将数字化线索分配、销售发展代表的薪酬和临时销售电话准备工作。
- 安全运营经理将数字化安全警报管理。他们将运行自动检查，以确保安全姿态是最新的。

在每个示例中，这些运维角色已经是其职责技术方面的专家。授权他们数字化企业范围的流程只会帮助他们走得更远。

20.4　IT 角色的价值增长

我们讨论过业务角色如何变化——IT 呢？我们之前提到，IT 需要被提升为一个高知名度、高影响力的指导角色。这一角色对于在企业范围内赋能新的数字化认知至关重要。因此，随着数字化变得更加普遍，IT 专业人士的工作也会经历一些变化。

在过去的十年里，信息技术领域发生了巨大变化。IT 部门不得不从装配和堆放服务器过渡到云计算迁移。IT 经理们不再管理自家基础设施中的字节，而是开始管理云服务提供商和计算环境。这导致 IT 部门建立了新的开发运维（DevOps）流程，以利用云计算的独特能力，支撑更为动态的应用程序构建流程和架构。通过使开发人员能够构建更好的软件和服务，他们在 IT 领域的技能价值得到了提升。

IT 经理们过去必须争取更多的团队成员和预算来应对各种需求。IT 专业人员的快速动员是保持业务正常运转的关键。预算在远程工作中变得是必须时，需求再次超出资源供应。

即便 IT 预算可能再次缩减，IT 的作用却在不断扩大和发展。随着应用程序构建者和大型运维操作专家开始使用低代码工具，企业将变得更加侧重于 IT。这种变化意味着 IT 在安全和治理方面承担领导角色。通过让创建应用程序和数字化工作流程的能力民主化，曾经困扰 IT 部门的瓶颈正被业务专家消除。IT 部门内部的工作也在发生变化。数字化成为功能增强的力量加倍器。随着更多任务的数字化，IT 人员的时间被释放出来进行领导工作，新的职业也因此诞生。

尽管组织内的工作者都能从数字化中创造价值，但需要一种统一的方法。在许多情况下，数字化专家可能向业务线经理汇报。他们很容易与其他部门的数字化专家失去联系。为了整合一切并领导这些努力，需要有一个中心团队。这个团队领导卓越中心，在业务线之间分享知识。这些数字化角色变得越来越重要。我们现在看到不同企业出现了数字化总监和数字化首席执行官等角色。

20.5　成为催化剂

希望读到现在，您已经开始思考在数字化领域的激动人心的未来。新的机会、想法、挑战和效率正等待被发现。这只需要一个有动力并且能够站出来建立某些改变其企业和他们职业生涯轨迹的人，这可以是一个影响深远

阅读心得

的故事。

这是这样一个故事。一位名叫 Jia Ying Lee 的年轻女性在超市工作六年后，决定是时候寻找一些变化了。她开始寻找新工作，最终在一家不到 100 名员工的初创企业 Workato 找到了一份入门级的人力资源行政职位。随着时间的推移，Jia Ying Lee 决定尝试使用这家企业的数字化平台（Workato 产品）。她开始在空闲时间自学如何使用这个平台。她逐渐产生了一些数字化她负责的人力资源流程的想法。这包括新员工入职流程，由背景调查、录用通知书和新员工启动等活动构成。她主动开始进行数字化处理。不久后，企业的新员工开始评论他们的入职体验与他们之前任何工作过的企业都不同（而且是以好的方式！）。一个人说："一切都很顺利！"另一个人说："我第一天就能开始工作。"

Jia Ying Lee 很快就受到了领导层的注意——随着企业开始扩张，Jia Ying Lee 得到了晋升，开始担任新的职位。截至本文撰写时，Workato 已经接近 1000 名员工。他们绝大多数人都是使用 Jia Ying Lee 构建的数字化流程进行入职的。她现在在企业担任她的第四个职位，薪资是她加入时入门级职位的数倍，并且成为人力资源组织中顶级的数字化专家，实际上，为企业承担了一项人力资源运营角色，并且加入了 BigOps 生态系统。

在短短四年时间里，Jia Ying Lee 从超市货架工作变成了一个转型的催化剂。她并不担心会踩到别人的脚趾或侵犯到别人的领地。她不担心自己没有正确的技术背景。

她迈出了一步，发挥了自己的创造力，并在企业的建设中发挥了关键作用。

也许你的下一位独角兽员工现在正在超市货架上摆放商品。也许你就是那位在思考数字化如何影响你工作或正寻求新职业道路的独角兽员工。随着越来越多企业接受新的数字化认知方式，这样的故事机会令人兴奋。我们所需要做的就是给予潜在的创新者机会。作为领导者，我们有充分的理由去尽我们所能来赋能他们。变革需要催化剂。在接下来的十年里，挑战现状的数字化催化剂将成为企业内最宝贵的资源。他们将在帮助我们在新的数字化转型时代竞争中发挥关键作用。现在是时候开始赋予他们力量了，通过在我们的企业中构建新的数字化认知方式。

20.6　引领数字化变革

企业是经济的重要组成部分，但它们也是社会结构的必要部分。我们在企业内部做出的决策会对企业外部产生影响。因此，高管们面临着越来越大的压力，要领导企业成为良好的企业公民，为社会做出贡献，并在从可持续性到包容性的各个方面做出正确的决策。

很多情况下，数字化并没有得到太多关注。但是，我们在数字化方面做出的决策是有影响力的。它们影响着人们的生计、家庭，最终影响我们在世界上看到的结果。

经济学者和智库机构长期以来一直在追踪数字化的发展情况。例如，麻省理工学院（MIT）的研究人员达伦·阿西莫格鲁创建了"平庸技术（So-So Technology）"这个术语，用来描述那些为企业节省成本但对人们没有益处的低质量数字化技术。这类技术削减了岗位，并把劳动任务转嫁给顾客。包括模仿人类的技术、自助结账通道或数字化的客户服务热线在内。

布鲁金斯学院将这些一般的数字化描述为命令与控制风格的数字化。这种数字化做法让员工无法参与决策过程，企业自上而下的指令将他们的工作数字化。他们的研究将这种风格的数字化与全世界威权政府的兴起联系起来。

布鲁金斯研究所对数字化的方法进行了对比，区分了指令控制数字化与我们在本书中讨论的民主化方法。与指令控制数字化不同，后者并不将技术视为简单地替代人类工作的钝器。相反，民主化方法赋予个人改变工作方式的能力，并在社会中引发积极的连锁反应。如果说指令控制数字化可能导致社会痛苦和民粹主义情绪的上升，那么低代码和民主化数字化则为社会带来更多积极的变化。

阅读心得

"发展低代码 / 无代码数字化技术意味着鼓励所有数字用户成为数字世界的积极参与者，从而扩展了民主数字公民身份的概念。"这种方法不仅提升了个体在数字化转型中的作用，还促进了更广泛的社会参与和创新。通过降低技术门槛，LC/NC 平台使得非专业技术人员也能参与到数字化过程中，共同塑造数字未来，这不仅增强了社会的技术包容性，也为数字化进程注入了新的活力和多样性。

将数字化方法与如此宏大的社会联系起来，可能听起来有些夸张。但想想如果亨利·福特（Henry Ford）决定最大化他的利润，收取梅赛德斯（Mercedes）为其手工制造的豪华汽车所收取的相同价格,会有什么影响？或者如果 18 世纪的精英们得逞，为了保护音乐家的工作而禁止录制声音，会怎样呢？毫无疑问，世界各地的社会都会变得更糟。

企业领袖的决策确实能够对历史产生深远的影响。采纳数字化认知模式是每个企业的明智选择。这种新模式不仅能够带来显著的业务成果，还能赋予个人加速职业发展的能力，从而提高人们的生活幸福感和社会的整体健康度。

技术已经成熟，我们也有前人的成功案例作为参考。我们所需要做的就是扮演催化剂的角色，推动这一变革。一旦我们采取了这一角色，其余的事情就会自然而然地发生。这意味着，企业需要积极拥抱创新，引领数字化变革，从而实现个人、企业和社会的共同进步。

参考资料

1. Hounshell, David, 1985, *From the American System to Mass Production, 1800–1932: The Development of Manufacturing Technology in the United States*, Baltimore: Johns Hopkins University Press.
2. Eschner, Kat, 2016, "In 1913, Henry Ford Introduced the Assembly Line: His Workers Hated It," *Smithsonian Magazine*, (December 1), https://www.smithsonianmag.com/smart-news/one-hundred-and-three-years-ago-today-henry-ford-introduced-assembly-line-his-workers-hated-it-180961267/.

阅读心得

3. *Goldman Sachs,* 2023, "Generative AI Could Raise Global GDP by 7%," (April 5), **https://www.goldmansachs.com/insights/pages/generative-ai-could-raise-global-gdp-by-7-percent.html**.
4. Symes, Colin, 2004, *Setting the Record Straight: A Material History of Classical Recording*, Middletown: Wesleyan University Press.
5. Peterson, David, 2020. "Why 'No Code Operations' Will Be the Next Big Job in Tech," *Medium*, (August 27), **https://medium.com/@edavidpeterson/why-no-code-operations-is-the-next-big-job-in-tech-b8bb886378ac**.
6. Elwell, Chris, 2022, "What is Marketing Operations and Who Are MOps Professionals?" *MarTech*, (January 3), **https://martech.org/what-is-marketing-operations-and-who-are-mops-professionals/**.
7. Sara Brown, 2019, "The lure of 'so-so technology,' and how to avoid it," *MIT Sloan*, (October 31), **https://mitsloan.mit.edu/ideas-made-to-matter/lure-so-so-technology-and-how-to-avoid-it**.
8. Ibid.
9. Bhorat, Ziyaad, 2022, "How to Democratize Automation," *The Brookings Institute*, (May 25), **https://www.brookings.edu/techstream/how-to-democratize-automation/**.

附录

The New Automation
Mindset
―――
数字化转型全民化
的关键角色

数字化转型是一项全民运动，包含了各种各样的角色、技能组合和组织结构，数字化转型全民化的过程中涉及的关键角色，如附图1所示。

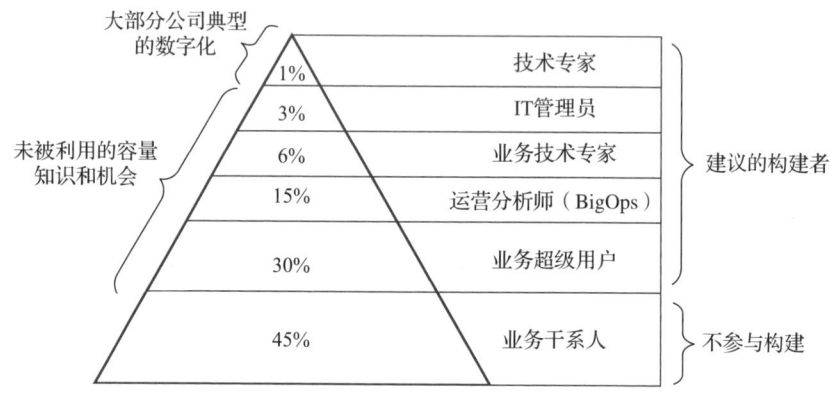

附图1　数字化转型全民化金字塔

附图1显示，在任何企业中，组织比简单的"业务"（Business）和"信息技术（IT）"要复杂得多。虽然我们在本书中为了可读性进行了简化，但在企业实施数字化时，理解各种角色的细微差别以及确定谁应该参与数字化的界限是很重要的。其中IT管理员有丰富的技术背景，在配备了合适的工具后，可以大幅简化和优化IT操作流程。他们也可以成为融合团队的一部分，在需要时提供专门的技术支持。附表1给出了这一视角下附图1中关键角色的常见职位。

附表1　数字化转型全民化视角下关键角色的常见职位

关键角色	常见职位	IT 或业务
技术专家	集成管理员 自动化开发者	IT
业务技术专家	HRIS 分析师 Workday 管理员 财务管理员	IT

阅读心得

(续)

关键角色	常见职位	IT 或业务
运营分析师（BigOps）	HR 人事运营 收入运营专员 财务运营 IT 运营 安全运营	IT与业务兼具
业务超级用户	应付账款分析师 市场内容创作者	业务
业务干系人	机械工程师	业务

业务用户和业务干系人的根本区别在于他们参与数字化流程不同，例如，一个应收账款的会计可能非常倾向于数字化，而另一个则可能没有任何兴趣。

现在，让我们看附表 1 中的职位将如何参与数字化实践。

- 技术专家。这些专家应当被提升到能够启用、指导和支持更广泛团队的角色。他们还应该负责处理最复杂、最具技术挑战的数字化项目。同时，技术专家也需要构建共享服务、保护机制和其他技术组件，以帮助那些技术能力较弱的团队成员进行数字化建设。
- 业务技术专家。具备很强的业务洞察力和对应用及数据的深入了解。这些成员不仅能构建数字系统，还能提供如错误处理、性能优化和安全性等方面的技术支持，帮助业务团队更好地运作。
- 运营分析师（BigOps）。BigOps 是一种新兴的角色，专注于推动企业的数字化转型。具备深刻的内部业务流程知识，通常参与报告工作，并在应用程序和底层数据方面有深入了解。这些分析师可能来自 IT 或业务部门，帮助推动数字化进程。
- 业务超级用户。这些人可以在任何部门和岗位工作，积极推动组织的改进。他们对优化流程充满动力，并且愿意为此努力。他们需要对业务流程、数据和应用程序有基本的理解，是理想的数字化推动者。
- 业务干系人。这个群体不愿意直接参与数字化流程的建设，可能因为各种原因。但我们建议尊重这一意愿，强迫他们参与并不会取得好结果。这些成员可能会提供建议和需求，甚至有一天可能转型为业务权力用户或 BigOps 分析师，但他们不主动参与数字化工作。

除了我们之前提到的角色，数字化还引入了一个新概念——"数字工人"（Digital Worker）。数字工人不是人，而是组织在数字化过程中实现价值的一种方式。你可以用这个概念来简单表达数字化对人力的替代效果，比如说"我们的数字化方案相当于节省了 232 个全职员工的工作量"。

1. 领导角色

- 数字化赞助人。每个数字化战略都需要由高层领导来支持，理想情况下是 CEO，也可以是 CIO、CDO 或 CAO 来担任赞助人，负责设定数字化目标、提供资金，并推动企业的现代化。
- 数字化布道师。虽然数字化赞助人负责行政支持和清除障碍，但数字化布道师的任务是传播数字化文化。他们通过分享数字化的好处和成功案例，鼓励更多部门加入数字化进程。
- 数字化负责人。这个角色的任务是全面推动企业的数字化，通常领导一个专门的数字化团队或卓越中心。他们负责建立治理机制、管理和运营数字化平台，确保各个构建者团队能有效开展工作。
- 业务负责人。企业的业务负责人在数字化中起着关键作用。他们必须理解数字化对业务的影响，并支持和鼓励团队参与数字化流程，以提升业务指标。当他们看到数字化能解决业务中的问题时，通常会成为数字化的坚定支持者。

2. 协作场景

为了更好理解这些角色如何协作，下面通过一个情景来说明。

琳达是 AcmeCo 的一名人力资源分析师（业务超级用户）。在一次全体会议上，首席人事官谭雅（业务领袖）提到，企业的员工流失率较高，原因

阅读心得

是员工觉得缺乏职业发展机会和导师。琳达知道企业内部有很多乐于分享经验的人，但这些人没有得到很好的连接。她灵光一闪，想到了一个解决方案。

最近，IT 团队的托德（数字化布道师）做了一个关于如何使用低代码平台进行数字化建设的演讲。琳达虽然有些紧张，但还是决定一试。她联系了托德，并在他的指导下完成了低代码平台的培训。没过多久，琳达就掌握了如何构建数字化系统。

琳达的想法是创建一个系统，利用 Microsoft Teams，让员工可以主动标记自己是否需要导师，或愿意成为导师。系统将自动匹配导师和学员，并安排介绍会。她称这个项目为"MentorBot"。

为了确保项目顺利进行，琳达组建了一个团队。她邀请了雷（业务技术专家），负责 Workday 系统的管理。雷帮忙在 Workday 里增加了一个"导师"字段，方便追踪导师关系。数字化专家琼（来自卓越实践中心）也加入了团队，她负责提供技术支持并在项目上线前审核系统。

在雷和琼的帮助下，琳达很快完成了系统构建。琼对项目进行了审查，确保系统安全、符合标准，并经过了充分测试。项目上线后，数百名员工使用了这项新功能。工程团队的杰森（业务干系人）对能找到导师感到非常满意，称这为他的职业发展开辟了新机会。

两个月后，谭雅公布了最新的离职率，数字明显下降，员工对职业发展的抱怨也几乎消失了。谭雅把这个改善归功于琳达的 MentorBot，并鼓励人力资源团队思考如何数字化他们的流程。琳达对此感到非常自豪，甚至决定转型为一个专门负责数字化的 HR 运营角色（BigOps 分析师），继续推动人力资源部门的数字化进程。

阅读心得